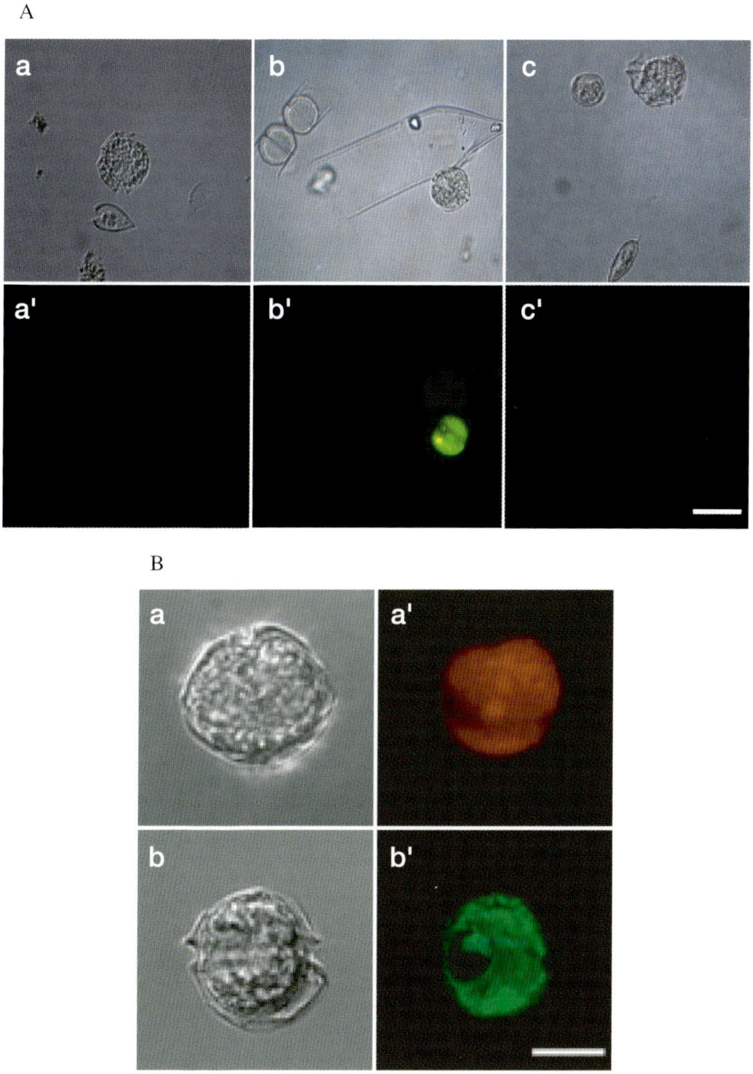

図5·2　現場海水をFISH法に供したときの顕微鏡写真（A）と，マルチカラーFISH法による培養細胞の検出（B）．いずれもa, b, cは光学顕微鏡，a' b' c'は蛍光顕微鏡による観察．Aにおいて使用したプローブは，*A. tamarense*特異的プローブ（A-a, -a'），*A. catenella*特異的プローブ（A-b, -b'）および*A. affine*特異的プローブ（A-c, -c'）．標識蛍光色素はすべてfluorescein 5-isothiocyanate（FITC）．Bにおいて使用したプローブは，rhodamin（赤色）標識*A. tamarense*特異的プローブ（B-a, -a'）およびFITC標識*A. catenella*特異的プローブ（B-b, -b'）．スケールバーはすべて20 μm.

水産学シリーズ

153

日本水産学会監修

貝毒研究の最先端

―現状と展望

今井一郎・福代康夫・広石伸互　編

2007・4

恒星社厚生閣

まえがき

世界中の沿岸海域においては魚類のみならず，カキ，ホタテガイ，イガイなどの有用二枚貝類の養殖が盛んに行われており，貴重な水産食品として重要な役割を演じている．それはわが国沿岸域においても例外ではない．また，アサリなどの天然の貝類は潮干狩りなどの対象として，一般の人々にレクリエーションを通じて海に親しむよい機会を与えている．

わが国の沿岸域においては，初春から初夏を中心に麻痺性貝毒や下痢性貝毒の二枚貝類への蓄積が頻繁に発生している．これは食中毒の発生といった衛生上の問題となるだけでなく，出荷自主規制の措置がとられることから地域二枚貝産業に対する被害が大きく，養殖産業育成といった水産業の観点からも大きな問題になっている．更には貝毒による風評被害でレクリエーション産業にも悪影響が及び，海への悪いイメージが培われる場合も想定される．2006年春には，大阪湾などで「潮干狩り禁止」が行楽客を対象に実際に関係部局から発令されており，また瀬戸内海の他の沿岸域でも同様の処置がとられることもあり，一般市民にも貝毒の問題は身近なものとして浸透しつつある．

貝毒の問題は近年世界的には発生水域が拡大傾向にあるが，わが国においても例外ではない．例えば，1980年代までは麻痺性貝毒の発生がまれであった瀬戸内海や九州沿岸域を中心とした西日本の沿岸域でも，1990年代になって以降，麻痺性貝毒が広く且つ頻繁に検出されるようになり，原因生物の分布拡大と在来種の大量発生化の両面で議論がなされつつある．

貝毒に関して，原因有毒プランクトンの生理生態や毒の分析などの情報がまとめられた書籍は，20年以上前に出版されたものがあるだけで，新しい知見をまとめた書籍の出版が永らく待たれていた．この間，上述のような有毒プランクトンの分布拡大などの新しい問題が生じ，また一方で先端技術を用いた新たな手法の研究開発，ならびに対象有毒プランクトンの生理生態や生活史などに関する研究において著しい進展が認められている．以上のような背景から，本書は，わが国における貝毒についての問題の現状と，現在展開されている貝毒研究の最先端の知見を集めて整理するとともに，二枚貝の毒化軽減対策や毒化予知手法について最新の情報を整理し纏められたものである．

本書により，わが国における現在の最先端の研究レベルを知ることができると期待されることから，最前線の研究者および卒業研究を始めたレベルの関係分野の学生まで，出来るだけ多くの関係者に本書が活用される事を願っている．また本書が，貝毒問題の将来的な解決に向け，研究進展の捨て石として些かでも貢献できれば幸いである．

2007年1月

今井一郎
福代康夫
広石伸互

貝毒研究の最先端－現状と展望　目次

Advanced researches on shellfish poisonings : Current status and overview

Ichiro Imai, Yasuwo Fukuyo and Shingo Hiroishi

1. わが国における貝毒発生の歴史的経過と水産業への影響

今 井 一 郎[*1]・板 倉 茂[*2]

わが国の沿岸海域においては，カキ，ホタテガイ，イガイなどの二枚貝類の養殖が盛んに行われており，二枚貝は貴重な水産食品として日常の食生活を支える重要な役割を演じている．それは太古の昔からであり，貝塚の存在が雄弁に物語っている．また，アサリなどの干潟の貝類は潮干狩りなどの主対象として，一般の人々にとってはレクリエーションを通じて海に親しむよい機会を与えている．

二枚貝類は大量の海水を濾過し微細藻類を中心とする粒状物を集めて摂食活動を行うが，その際に有毒微細藻類が含まれていれば毒化が起こる．そして毒化した貝を食べて人間の食中毒が発生する（図1･1）．このように貝類の毒化は，海の食物連鎖が機能して正常な摂餌活動がもたらす結果であり，この点が貝毒

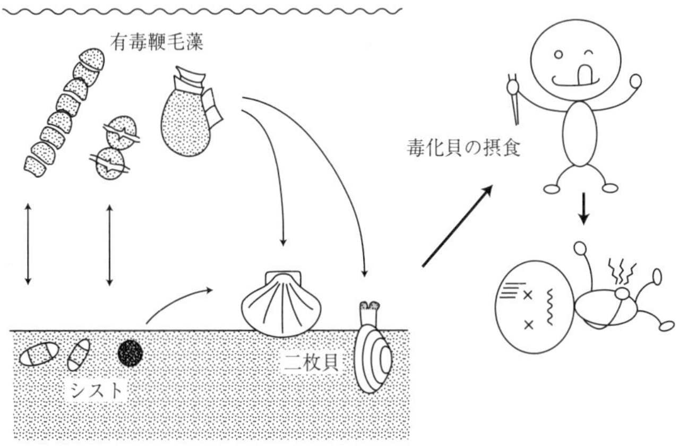

図1･1　食物連鎖を通じた貝毒の発生機構[1]．有毒微細藻類を二枚貝が摂食して毒化し，それを食べた人間が貝毒によって中毒する．

[*1] 京都大学大学院農学研究科
[*2] （独）水産総合研究センター瀬戸内海区水産研究所

問題の解決を困難にする鍵となっている．貝毒は，人間への健康被害が及ぶことから公衆衛生上の問題となっていると同時に，主に有用二枚貝類（カキ，ホタテガイ，ヒオウギガイ，イガイ，アサリなど）やホヤ類を毒化させることにより，これらの出荷規制や採貝禁止をもたらすので，水産養殖やレクリエーション産業の立場からも深刻な問題として捉えられている[1-3]．

これまでに知られている主要な貝毒について表1·1にまとめた．麻痺性貝毒，下痢性貝毒，記憶喪失性貝毒，および神経性貝毒があげられる．貝の毒化で重要な点は，水中にさほど高くない細胞密度（1細胞 / m*l* 以下）でしか有毒微細藻類が存在していなくても，濾過摂食によって毒が貝の体内（特に中腸腺）に濃縮蓄積される点であろう．現在，わが国沿岸域では綿密な貝毒と有毒微細藻類のモニタリングがなされており，市場に出ている二枚貝の摂食によって中毒することはまずない．しかし，天然のものを採捕して食べた場合，中毒が発生

表1·1　代表的な貝毒の種類

貝毒の種類	原因生物	毒成分	症　状
麻痺性貝毒 Paralytic Shellfish Poisoning（PSP）	*Alexandrium catenella* *A. tamiyavanichii* *A. tamarense* *A. minutum* など *Gymnodinium catenatum* *Pyrodinium bahamense* var. *compressum*	サキシトキシン群 ゴニオトキシン群	運動神経麻痺による唇，舌，顔面の痺れ，重篤な場合は呼吸麻痺による死亡．
下痢性貝毒 Diarrhetic Shellfish Poisoning（DSP）	*Dinophysis acuminata* *D. fortii* *D. caudata* など *Prorocentrum lima*	オカダ酸（OA） ディノフィシストキシン群（DTXs） ペクテノトキシン群（PTXs），イェソトキシン群（YTXs）	下痢，腹痛，嘔吐などの消化器系障害，死亡例はない．OAやDTXは発癌プロモーター．
記憶喪失性貝毒 Amnesic Shellfish Poisoning（ASP）	*Pseudo-nitzchia australis* *P. multiseries* *P. delicatissima* *P. pseudodelicatissima* など	ドーモイ酸（DA）	吐き気と下痢が主体，重症時は目眩，幻覚，錯乱，時に死亡．後遺症として記憶障害が起こることがある．
神経性貝毒 Neurotoxic Shellfish Poisoning（NSP）	*Karenia brevis*	ブレベトキシン（BTX）	口内の痺れた感覚，酩酊感，下痢，運動失調など．赤潮の飛沫による呼吸器系障害．

Hallegraeff[4] とSCOR-IOC[5] を参考にまとめた．

することがある．現在世界的な傾向としては，貝毒の問題は拡大傾向にあるといわれており[4－6]，わが国沿岸では麻痺性貝毒と下痢性貝毒のみ発生が知られている[7]．

§1．麻痺性貝毒

フグ毒に似た強力な神経毒を保有する有毒渦鞭毛藻類を有用食用二枚貝類やホヤ類が摂餌して，これらの毒が体内（特に中腸腺）に蓄積される（表1·1）．これら毒化した貝を摂食して起こす食中毒を麻痺性貝毒中毒と呼び，人間だけでなく海産哺乳類も罹患し，時に死に至る．

原因生物としては渦鞭毛藻類の *Alexandrium* 属の有毒種，*Gymnodinium catenatum*, *Pyrodinium bahamense* var. *compressum* などが知られる[7]．麻痺性貝毒の歴史は古く，最も古い中毒死記録の1つとしては，カナダのブリティッシュコロンビアで1793年にジョージ・バンクーバー船長の一行が上陸した際に起こっており，その場所は「Poison Cove（毒の入江）」と呼ばれている[8]．またこの地方の原住民達は，有毒渦鞭毛藻が増殖し入江の水が夜に燐光を発する夏季には貝類を食べることを太古よりタブーとしてきたと伝えられている[8]．

わが国において発生した麻痺性貝毒による中毒事例を表1·2に示した．戦前

表1·2　わが国における麻痺性貝毒（PSP）の中毒事例

発生年月日	場所	毒化貝の種類	中毒者数（死者）
1948年7月	愛知県豊橋市	アサリ	12（1）
1961年5月	岩手県大船渡市	アズマニシキ	20（1）
1962年2月	京都府宮津市	養殖カキ	42（0）
1979年1月	山口県仙崎町	養殖カキ	16（0）
1979年4月	北海道旭川市	ムラサキイガイ	3（1）
1982年5月	岩手県大船渡市	ホヤ	2（0）
1987年6月	鹿児島市	アサリ	1（0）
1989年4月	岩手県大船渡市	ホタテガイ	5（0）
1989年4月	岩手県大船渡市	ムラサキイガイ	1（0）
1989年7月	青森県下北郡	ムラサキイガイ	6（1）
1991年5月	北海道七飯町	ホタテガイ	1（0）
1996年4月	宮崎県延岡市	ムラサキイガイ	2（0）
1997年3月	長崎県玉之浦町	カキ（天然物）	26（0）
1998年2月	愛媛県八幡浜市	カキ（天然物）	4（0）

野口[9]，塩見・長島[10]を参考に作成した．

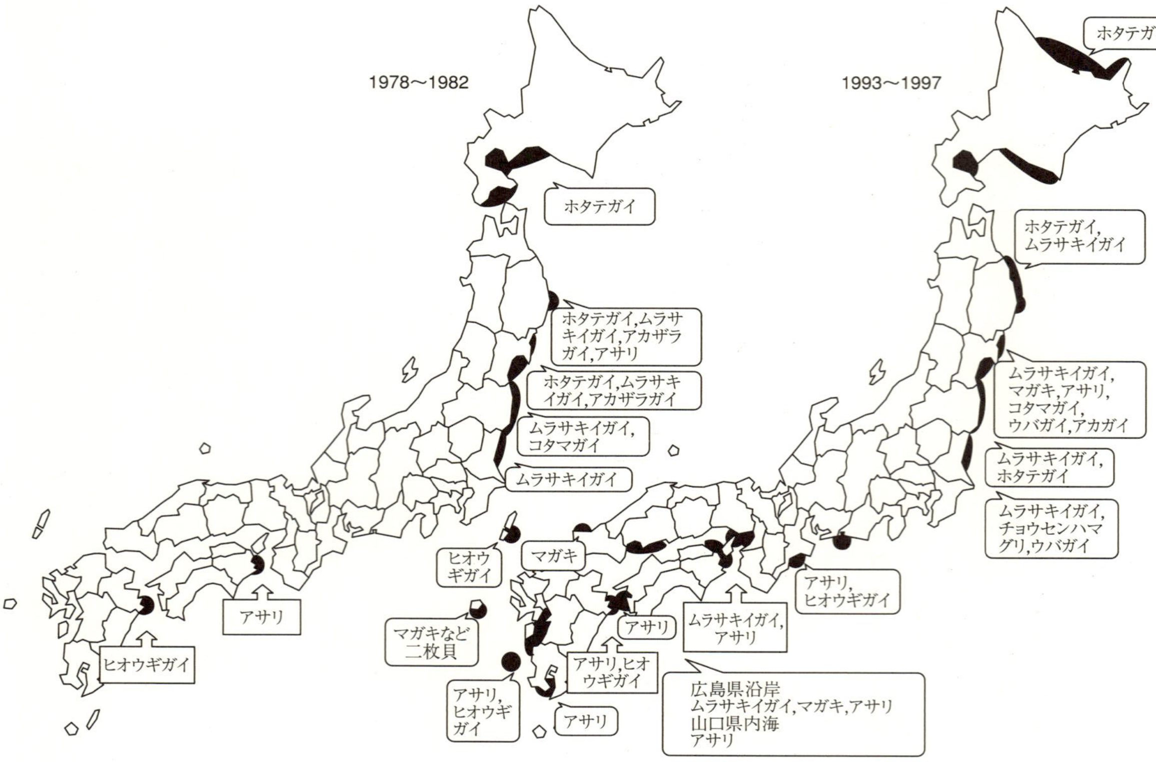

図1·2　わが国沿岸における麻痺性貝毒の発生状況の比較（1978～1982年と1993～1997年）[12]．規制値4MU / gを上回った水域と毒化した貝の種類を示した．

については不明であるが，戦後すぐから記録があり死亡した事例も珍しくない．近年は天然の貝類を採捕して起きた食中毒以外は，中毒者数は少ないようである．しかしながら，上述のように貝の毒化モニタリングが各自治体によってなされ，毒化の規制値（可食部1 g当たり4MU：マウスユニット）を超えた場合には出荷が自主規制されており[11]，自主規制は毎年のように各地で執行されているのが実情である．二枚貝が規制値を超えた場所を参照すると（図1·2），1980年頃に比べ現在は二枚貝による麻痺性貝毒の蓄積はより広い海域で発生していることが明らかである．特に瀬戸内海や九州海域などの西日本海域への拡大傾向は著しく，これは特に*A. tamarense*によるものである．カキなどの有用二枚貝種苗にこれら有毒渦鞭毛藻類の耐久性シストが付着したままの移動などが，これらの分布拡大の原因として推測されている[13, 14]．さらに近年は，わが国沿岸域で知られてなかった有毒渦鞭毛藻類（*A. minutun*, *A. tamiyavanichii*など）による貝の毒化も発生するようになっており，注意が必要である．

§2．下痢性貝毒

下痢性貝毒は1976年に発生した集団食中毒事件を契機として，わが国で初めて発見された脂溶性の貝毒である[15]．症状は，激しい下痢，嘔吐，腹痛などの消化器系障害が主であるが死亡例はない．しかし毒成分であるオカダ酸（Okadaic acid：OA）とディノフィシストキシン（Dinophysistoxins：DTXs）

表1·3　わが国における下痢性貝毒（DSP）の中毒事例

発生年月日	場所	毒化貝の種類	中毒者数（死者）
1976年6月	岩手県東磐井郡	イガイ	24（0）
1976年	他3件		17（0）
1977年6月	岩手県大船渡市	ムラサキイガイ	3（0）
1977年	他3件		34（0）
1978年6月	岩手県下閉伊郡	ムラサキイガイ	5（0）
1978年	他9件		474（0）
1981年6月	青森県八戸市	ムラサキイガイ	2（0）
1981年	他4件		302（0）
1982年6月	青森市	ホタテガイ	12（0）
1982年	他16件		143（0）
1983年6月	新潟県	イガイ	58（0）
1983年	他9件		52（0）

は，発癌プロモーターであることから慢性的な影響が懸念される（表1･1）．原因生物としては渦鞭毛藻の*Dinophysis*属の11種が知られている[6, 13]．また，カイメンや海藻などに付着する渦鞭毛藻*Prorocentrum lima*も下痢性貝毒成分を保有する．二枚貝の中で，毒の蓄積は中腸腺に集中的に起こる．

わが国において発生した下痢性貝毒による中毒事例を表1･3に示した．1976年に初めて確認されて以来，1980年代の前半まで中毒事件が多数発生している．ヨーロッパでは1回の中毒事件で，中毒者数が数千人にも上ることがあるという．出荷が自主規制される規制値は，可食部1 g当たり0.05 MUであり，各自治体による綿密なモニタリングの結果，現在は市場に流通している二枚貝に起因する下痢性貝毒中毒事件は発生していない．しかしながら，規制値を超える貝の毒化（特にホタテガイ）は毎年のように東北・北海道地域を中心に発生しており，算出は困難であるが出荷の自主規制によって水産被害が現実に生じ続けている．

図1･3に示したように，二枚貝が毒化の規制値を超えた海域は1980年頃に比べて現在もあまり変わらないようである．しかしながら，三重県鳥羽市地先の沿岸で2002年と2003年にムラサキイガイでOAとDTX-1が検出された．その原因生物は不明であるが，当該海域で*P. lima*の存在が確認されており[16]，今後はこれを視野に入れた調査が必要であろう．

下痢性貝毒に関しては，原因生物とされている*Dinophysis*属有毒種の出現動態と貝の毒化の間に明瞭な対応関係が認められない場合が多く，例えば瀬戸内海域では*D. fortii*が大量に発生していても下痢性貝毒による貝の毒化は起こっていない．また*Dinophysis*属有毒種の毒含有量が著しく変動するなど[17]，下痢性貝毒の発生機構は謎が多い．

ごく近年，興味深い成果が得られつつある．これまで*Dinophysis*属の何れの種も培養が不可能であり，毒の生産メカニズムや貝の毒化機構の研究は不可能であったが，クリプト藻*Teleaulax* sp.を与えて増殖させた繊毛虫*Myrionecta rubra*（＝*Mesodinium rubrum*）を餌生物として供することにより*D. acuminata*を約10^4細胞 / m*l*まで培養条件下（300 m*l*の培養液）で増殖させることに成功したという報告が，2006年コペンハーゲンにおける第12回国際有害有毒微細藻類会議でなされた[18]．この成果をブレイク・スルーとして，

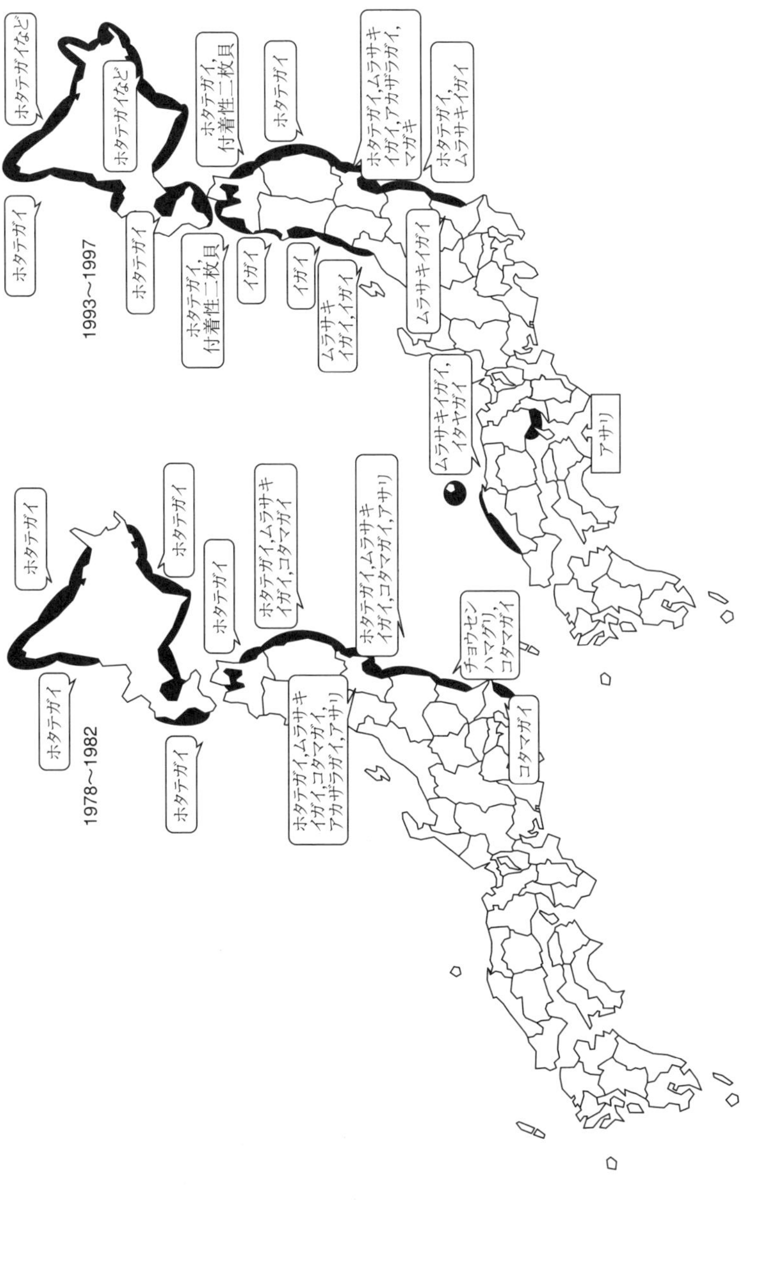

図1·3 わが国沿岸における下痢性貝毒の発生状況の比較(1978~1982年と1993~1997年)[12]．規制値0.05MU/gを上回った水域と毒化した貝の種類を示した．

Dinophysis 属に関する生物的化学的研究が飛躍的に進展するものと期待される．さらに青森県陸奥湾では，2005 年夏季に，養殖しているホタテガイの表面に付着しているものから OA と DTX-1 が検出された[19]．その試料中には *P. lima* や *Dinophysis* spp. が認められなかったので，下痢性貝毒を保有する未知の有毒微生物が存在していることが示唆され，新たな研究の展開が期待される．

§3．その他の貝毒

記憶喪失性貝毒は，1987 年に初めてカナダ東部沿岸のプリンスエドワード島で発生した．毒成分はドーモイ酸（Domoic acid：DA）であり，主たる症状は吐き気と下痢で重症の場合は目眩，幻覚，錯乱を生じ，死に至ることがある（表 1･1）．後遺症として時に記憶喪失症が起こる．原因生物は *Pseudo-nitzschia* 属の複数の珪藻種である．これらの原因生物はわが国周辺水域にも普通に且つ豊富に生息しているが，現在まで DA による基準値以上の貝の毒化は発生していない．この DA は，食物連鎖を通じてトド，アシカ，アザラシ，クジラ類などの海産哺乳類や，ペリカン，鵜などの海鳥類を斃死させており[20]，沿岸環境の大きな問題として認識されている．

神経性貝毒は，アメリカ合衆国フロリダ沿岸域において昔から発生しており，原因生物は渦鞭毛藻の *Karenia brevis* である[21]．本藻はブレベトキシンという神経毒を生産し，多くの魚介類の大量斃死を招いてきた．二枚貝類も頻繁に毒化し，中毒事件を引き起こしてきた．症状としては，口内のヒリヒリした感覚，酩酊感，運動失調，瞳孔散大，下痢などである．この赤潮の場合，風で飛沫が飛んで人に吸い込まれると，呼吸器系障害が発生するという．ニュージーランドでも神経性貝毒と判断される現象が発生している．一方，わが国沿岸域では，形態的類似種（*Karenia papilionacea*）は生息しているがこの種による貝毒の問題はまだ認められていない．

その他には，1995 年にオランダにおいてムラサキイガイで発見されたアザスピロ酸による下痢を伴う貝中毒がある[10]．この貝毒はその後ヨーロッパ各地で検出されているが，幸いにまだわが国沿岸域では本貝毒は発生していない．原因生物はまだ特定されていないが，有毒藻類が疑われており，注意が必要であろう．

§4. 今後の課題と展望

わが国沿岸域においては，各自治体によって綿密なモニタリングが実施されており，規制値を越える毒が公定法によって貝から検出された場合，貝の出荷自主規制処置が執られている．また，有毒微細藻類のモニタリングも行われている．これらのモニタリングは労力を要し，迅速，正確，簡便な方法の開発が望まれている．例えば毒分析においては，現在マウス毒性試験が公定法であるが，より正確な機器分析による代替法が検討されつつある．微細藻類のモニタリングにおいても，遺伝情報を用いた蛍光*in situ*ハイブリダイゼーション（FISH）法やリアルタイムPCR（polymerase chain reaction）法の導入が検討されており[22]，近い将来に実用化されることが期待されている．

貝毒への対策としては，高毒化しないように有毒微細藻類の密度が低い海域への養殖筏の移動が，毒化の予防手段として大分県の小規模なヒオウギガイの養殖場で一定の成果を上げつつある（本書11．を参照）．さらに，綿密なモニタリングの実績を基本に，有毒微細藻類の推移と貝の毒化の関係を把握した上で，アサリの毒化について警報を出す取り組みが山口県徳山湾でなされている（本書11．を参照）．このような実質的な対策技術の確立が緊急課題といえよう．

赤潮プランクトンの殺滅防除に関しては，殺藻細菌やウイルスが期待されている[23]．有毒微細藻類についても，殺藻細菌やウイルス，寄生性の渦鞭毛藻類[24]やコケムシ類など[9]を用いた生物的予防や駆除の技術開発が期待される．

文　献

1）今井一郎：沿岸海洋の富栄養化と赤潮の拡大，海と環境（日本海洋学会編），講談社サイエンテフィク，2001，pp.203-211.

2）日本水産学会編：有毒プランクトンー発生・作用機構・毒成分，恒星社厚生閣，1982，135pp.

3）福代康夫編：貝毒プランクトンー生物学と生態学，1985，125pp.

4）G. M. Hallegraeff : A review of harmful algal blooms and their apparent global increase, *Phycologia*, **32**, 79-99（1993）.

5）SCOR-IOC : The Global Ecology and Oceanography of Harmful Algal Blooms, Report from a Joint IOC/SCOR Workshop, Havreholm, Denmark, 1998, 43pp.

6）小谷祐一：二枚貝の毒化－それは沿岸生態系における有毒プランクトンによる異変の一つにすぎない－，研究ジャーナル，**19**（12），15-19（1996）.

7）福代康夫：有毒プランクトンによる漁業被害の現状と研究の問題点，有害・有毒赤潮の発生と予知・防除（石田祐三郎・本城凡夫・福代康夫・今井一郎編），日本水産資源保護協会，2000，pp.18-28.

8）R.L. Carson：われらをめぐる海（日下実男訳），早川書房，1977，319pp.

9）野口玉雄：フグはなぜ毒をもつのか，日本放送出版協会，1996，221pp.

10）塩見一雄・長島裕二：海洋動物の毒（三訂版），成山堂書店，2001，212pp.

11）M.Yamamoto and M.Yamasaki: Japanese monitoring system on shellfish toxins, Harmful and Toxic Algal Blooms（ed. by T. Yasumoto, Y. Oshima and Y. Fukuyo）, IOC-UNESCO, 1996, pp.19-22.

12）今井一郎・山口峰生・小谷祐一：有害有毒プランクトンの生態，月刊海洋号外，**23**，148-160（2000）.

13）I. Imai, M. Yamaguchi and Y. Hori: Eutrophication and occurrences of harmful algal blooms in the Seto Inland Sea, Japan, *Plankton Benthos Res.*, **1**, 71-84（2006）.

14）今井一郎：有害有毒赤潮と漁業被害，海の環境微生物学（石田祐三郎・杉田治男編），恒星社厚生閣，2005，pp.115-126.

15）T. Yasumoto, Y.Oshima and M. Yamaguchi: Occurrence of a new type of shellfish poisoning in the Tohoku district, *Bull. Jpn. Soc. Sci. Fish.*, **44**, 1249-1255（1978）.

16）今井一郎・松山洋平・西谷　豪：新奇下痢性貝毒保有生物の探索と実効的な下痢性貝毒プランクトンのモニタリング手法の開発－三重県沿岸における下痢性貝毒保有生物の探索－，平成16年度貝毒安全対策事業報告書，農林水産省，2005，22pp.

17）T. Suzuki, T. Mitsuya, M. Imai and M. Yamasaki : DSP toxin contents in *Dinophysis fortii* and scallops collected at Mutsu Bay, Japan. *J. Appl. Phycol.*, **8**, 509-515（1997）.

18）M.G. Park, S. Kim, H.S. Kim, G. Myung, Y. G. Kang and W. Yih: First successful culture of the marine dinoflagellate *Dinophysis acuminata, Aquat. Microb. Ecol.*, **45**, 101-106（2006）.

19）増山達之・高坂祐樹・三津谷正・鈴木敏之・今井一郎：ホタテガイ付着物からの下痢性貝毒の発見，2006年日本プランクトン学会・日本ベントス学会合同大会講演要旨集，広島，2006，p.90.

20）C.A. Scholin, F. Gulland, G.J. Doucette, S. Benson, M. Busman, F. P. Chavez, J. Cordaro, R. DeLong, A. D. Vogetaera, J. Harvey, M. Haulena, K. Lifebvre, T. Lipscomb, S. Loscutoff, L.J. Lowenstine, R. Martin III, P. E. Miller, W.A. McLellan, P.D.R. Moeller, C.L. Powell, T. Rowles, P. Silvagni, M. Silver, T. Spraker, V.L. Trainer and F.M.V. Dolah: Mortality of sea lions along the central California coast linked to a toxic diatom bloom, *Nature*, **403**, 80-84（2000）.

21）K.A. Steidinger: A re-evaluation of toxic dinoflagellate biology and ecology, Progress in Phycological Research, vol. 2（ed. by F.E. Round and D.G. Chapman）, Elsevier, 1983, pp.147-188.

22）R. Kamikawa, J. Asai, T. Miyahara, K. Murata, K. Oyama, S. Yoshimatsu, T. Yoshida and Y. Sako: Application of a Real-time PCR assay to a comprehensive method of monitoring harmful algae, *Microbes Environ.*, **21**, 163-173（2006）.

23）今井一郎・内田基晴：水産業と微生物，微生物ってなに？（日本微生物生態学会教育研究部会編），日科技連，2006，pp.146-155.

24）P.S. Salomom and I. Imai: Pathogens of harmful microalgae, Ecology of Harmful Algae, Ecological Studies 189（ed. by E. Granéli and J. T. Turner）, Springer-Verlag, 2006, pp.271-282.

2. 麻痺性貝毒のモニタリング

大 島 泰 克*[1]・濱 野 米 一*[2]

有毒プランクトンを摂餌した二枚貝が毒化して食中毒の原因となる貝毒は，第一義的に食品衛生の問題である．捕獲され流通にのった二枚貝は食品衛生法にもとづいて安全性検査，規制の対象となるが，それ以前の海域に生息する貝についても自主的な検査が行われている．道府県あるいは漁連など生産者によって実施され，基準値を超えた場合は採捕が自主的に停止される．この漁場における二枚貝の毒性検査と出荷自主規制のシステムは極めて有効に機能しており，貝毒監視が始まってからこれまで，市場に出回った二枚貝による食中毒は1件も発生していない．

貝毒モニタリングシステムでは毒性の評価法が重要であるが，麻痺性貝毒の場合はマウス毒性試験が公的に認められている．この方法は神経性の毒をマウスの致死活性を調べることによって総量を評価するので，人への安全性を評価する上で極めて合理的である．しかし，動物実験特有の精度の悪さとともに動物倫理の面からも早晩規制される可能性がある．これに代わる方法が模索されているので，これまで報告されている代表的な分析法の特徴を要約して表2·1に示す．新法の開発あるいは採用に当たって一番重要なことは，麻痺性貝毒が構造および毒性の異なる多数の成分の混合物として出現していることを念頭に置く必要があることである．個別分析では10を超える成分を個々に正確に測定する必要があるし，総量分析はそれらをどのような観点から統合して結果を出しているかをよく理解する必要がある．本稿では麻痺性貝毒のモニタリング法として実用に最も近いポストカラム蛍光化HPLC[1)]の新たな利用法と，日本各地の出現する毒の特徴を把握した上でのELISA分析のスクリーニング法としての可能性について解説する．

---

*[1] 東北大学大学院生命科学研究科
*[2] 大阪府立公衆衛生研究所

表2・1　麻痺性貝毒分析法の種類と特徴

方法	概要	原理	分析対象	短所	長所
マウス毒性試験	マウスに腹腔内投与-致死時間測定		総量分析	特異性の欠如，倫理上の問題	歴史的実績
受容体結合試験	Naチャンネル上の受容体に対する放射ラベル体との競合	Naチャンネル上の受容体への結合活性		放射化合物を使用，施設が限定される	高感度，多検体同時分析可能，マウス毒性と平行
細胞毒性試験	神経芽腫細胞に強制的Na流入，阻害剤（毒）による生存率向上			細胞の状態に伴う再現性に問題	多検体同時分析可能，マウス毒性と平行
ELISA法	抗原抗体反応，酵素反応で呈色	抗体認識特異構造		反応性が毒性と平行しない	多検体同時分析可能，高検出感度
蛍光-HPLC法（ポストカラム）	イオンペアーカラムで分離後，酸化-蛍光化	サキシトキシン骨格特有の蛍光反応	個別分析	ある程度の装置が必要，分析所要時間が長い	高感度，正確な個別分析
蛍光-HPLC法（プレカラム）	酸化，蛍光変換した産物を逆送分配型カラムで分離			1毒が多数のピークを与えるので同定が難しい	化学分析で装置が一番簡便
LC-MS法	イオン排除クロマトグラフィーで分離，質量分析で検出	質量分析計による分子量		大型装置が必要，感度が蛍光分析ほど高くない	同定が確実，分析時間は短い

§1. HPLCを使った海域出現毒量測定による二枚貝の毒化予知

二枚貝の大規模な生産地では貝の毒性試験のみならず有毒プランクトンの出現動向の調査（プランクトンモニタリング）にも多大な努力が払われている．通常，深度別に採水した海水中のプランクトンを濃縮し，顕微鏡下で有毒プランクトンの有無を調べ計数する（図2·1）．これらの結果は二枚貝の毒化予知や自主規制の解除のために役立っているが，毒性に関する直接的な情報が得られない欠点がある．二枚貝の毒化には *Alexandrium* 属など有毒渦鞭毛藻の細胞密度だけでなく，1細胞当たりの毒力が大きく関与する．したがって，プランクトンの出現動向のモニタリングを実施する場合に毒力を合わせて測定できれば，より正確な毒化予知などを目的とした情報が得られる．そこで，筆者らはプランクトンネットを海底から表面まで垂直に引いて濾集した試料中の毒を濃縮して高速液体クロマトグラフィー（high performance liquid chromatography：HPLC）で分析する方法を設定し，実際の毒化海域に適用することにし，海域の毒の出現動向の判断資料として有効かどうかを評価することとした．プランクトンネットで濃縮したとはいえ，100 m*l* 近い海水が含まれている．遠

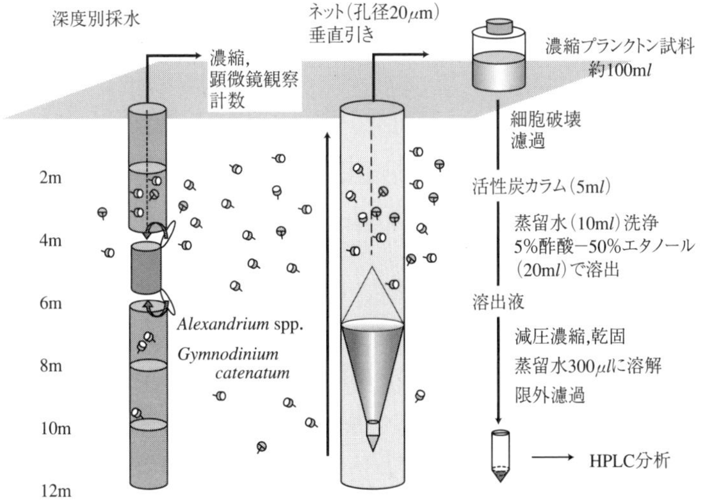

図2·1　従来のプランクトンモニタリング法（左）と毒力を指標とする新法（右）の比較．
活性炭カラムにより約300倍の毒の濃縮が可能．

心分離による濃縮も可能であるが，その過程でかなりの毒が海水中に漏れ出すことがある．そこで，図2·1に示すように活性炭のカラムを使って毒を濃縮することにした．標準毒を使って調べると成分により回収率が異なるものの，そ

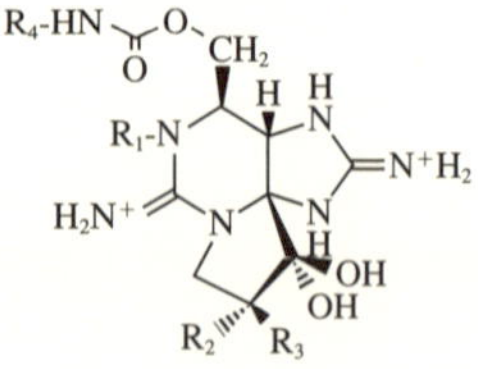

	R_1	R_2	R_3	R_4
STX	H	H	H	H
neoSTX	OH	H	H	H
GTX1	OH	OSO_3^-	H	H
GTX2	H	OSO_3^-	H	H
GTX3	H	H	OSO_3^-	H
GTX4	OH	H	OSO_3^-	H
C1	H	OSO_3^-	H	SO_3^-
C2	H	H	OSO_3^-	SO_3^-

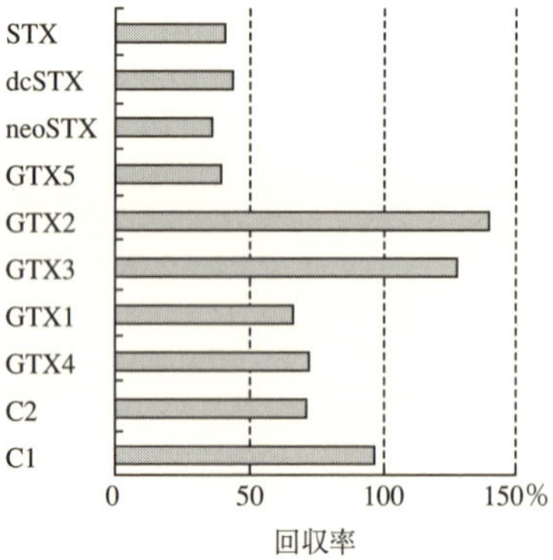

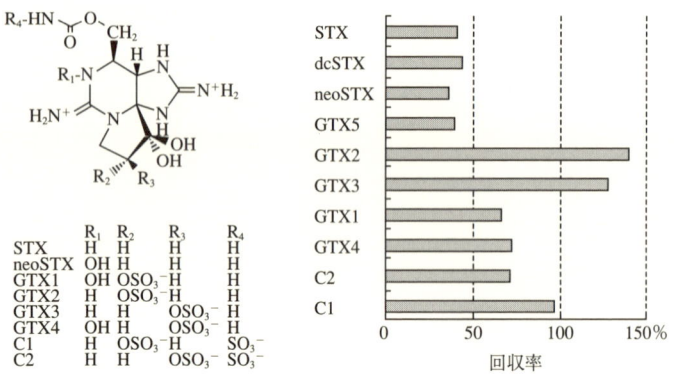

図2·2　代表的な麻痺性貝毒の構造（左）と活性炭カラムにおける回収率（右）．回収率は標準毒混合物で実験．GTX1, 4からGTX2, 3への一部変換が起きるためGTX2, 3の回収率が100％を超えている．相対的にサキシトキシン群の回収率が悪い．

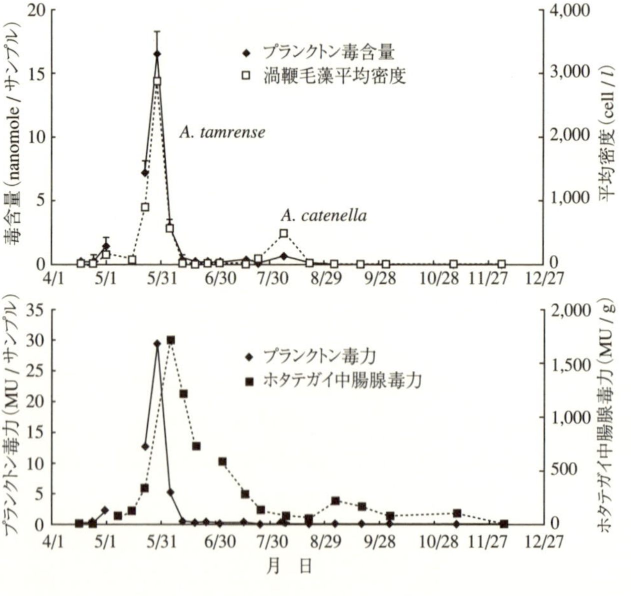

図2·3　大船渡湾におけるプランクトン毒含量，毒力，出現密度およびホタテガイ毒力の比較．

れなりの回収率が得られた（図2･2）．この方法による採集，分析を大船渡湾および仙崎湾において実施し，有毒プランクトンの出現動向と比較した．図2･3に大船渡湾で測定した毒量（総モル数および換算毒量）と岩手県が計数した細胞数およびホタテガイの毒力を平行して示す．同湾では春季に*A. tamarense*，夏季に*A. catenella*が出現していたが，その平均密度（水深2 mごとの密度の平均値）とプランクトンネット捕集試料中の毒量には強い相関が認められた．また，毒組成では前者の出現期にはgonyautoxin 1-4（GTX1-4），後者ではC1, C2が主成分であり，明らかな差が認められ，細胞当たりの毒含量にも明らかな差が認められた（図2･4）．さらに顕微鏡で有毒種が検出されなかった場合でもHPLCで毒が検出されることがあり，プランクトンモニタリングよりはるかに高い検出力があることが明らかである．また，仙崎湾の実験でも，検出感度が十分に高く，マガキやムラサキイガイの毒化予測に十分役立つことが実証された．さらに，同湾では*A. catenella*と*Gymnodinium catenatum*の2種が毒化に関与しているが，毒組成の違いからその出現動向を判断することが可能であった．

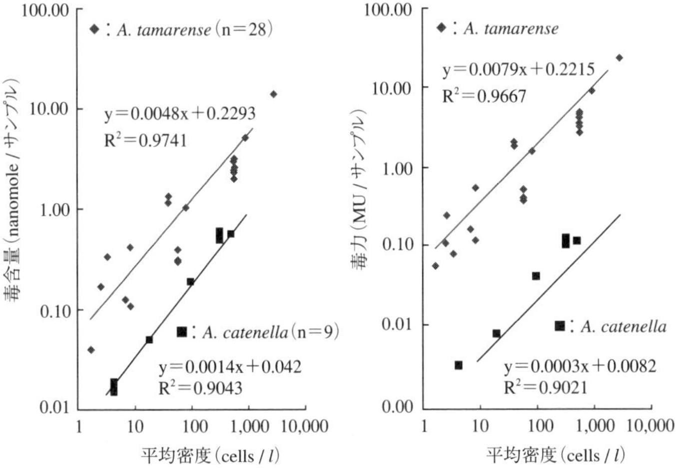

図2･4 大船渡湾におけるプランクトン平均密度と毒含量（左）および毒力（右）との関係．

このように海域に出現する毒の化学分析は二枚貝毒化予知手法として極めて有効なことが明らかとなった．なお，ここで実測される毒量はその海域特有の相対的な指標値であり，プランクトンネットが通過した海水中の総毒量を示すものではないことに留意する必要がある．分析に手間暇がかかるように見えるが，あくまでも指標であるので特定の毒群に絞って簡素化することも可能であろう．さらに，従来の深度別に採水した海水を濃縮して顕微鏡で観察，計数するプランクトンモニタリングも人的，時間的な負担は大きい．特にプランクトンの同定に熟練した人材が必要であり，担当する人材によっては化学分析の方が有利な場合もありうる．

§2．HPLC分析法による日本国内出現毒組成の特徴の把握とマウス毒性試験との比較

酵素免疫測定法（enzyme-linked immunosorbent assay：ELISA）などの新分析法を貝毒モニタリングに導入するには，対象となるサンプルに含まれる毒に関する基礎情報が不可欠である．過去には新たに発見された毒化海域の毒組成が地域ごとに報告された例はあるが，系統的に調査された資料はない．そこで2003年以来，海域，季節，二枚貝種についてできるだけ広範，多様な試料を集め，筆者らが先に開発したHPLCで毒組成を調査した．また，HPLC法そのものがマウス毒性試験の代替となりうるかを検証する貴重な機会となるので，両法の比較を重視して解析した．そのため，分析には規制値に近い毒力を示した試料を重点的に選択した．その結果，東北，北海道では毒化歴のある全海域，全季節の試料を分析でき，西日本についてもかなりの海域をカバーするデータが得られた．

代表的な分析結果を図2･5に示す．毒組成は地域により，時には季節により大きく異なっていた．茨城県以北の春季に毒化したサンプルは試料によらずGTX1-4を主成分とし，微量のC1, C2, neosaxitoxin (neoSTX)，saxotoxin（STX）を含んでいた．二枚貝の種類による差も比較的差が少ない．また，同一種の毒化時期による比較では毒化初期，後期で多少の変化はあるものの差は少ない．さらに，同一海域，同一種の比較では，年による毒組成の変化は殆どない．ただし，北海道，三陸沿岸で真夏あるいは秋季に*A. catenella*が出現す

るとC1, C2の相対量が大きく増加する．これに比べ，西日本では毒化原因となる渦鞭毛藻の多様性を反映して地域により大きく異なっていた．例えば長崎のマガキでは他の海域では殆ど検出されないGTX5, GTX6が毒の大部分を占める極めて特異な毒組成を示していた．ただし，同一海域では二枚貝の種類や毒力の高さによらず，極めて類似した毒組成を示していた．

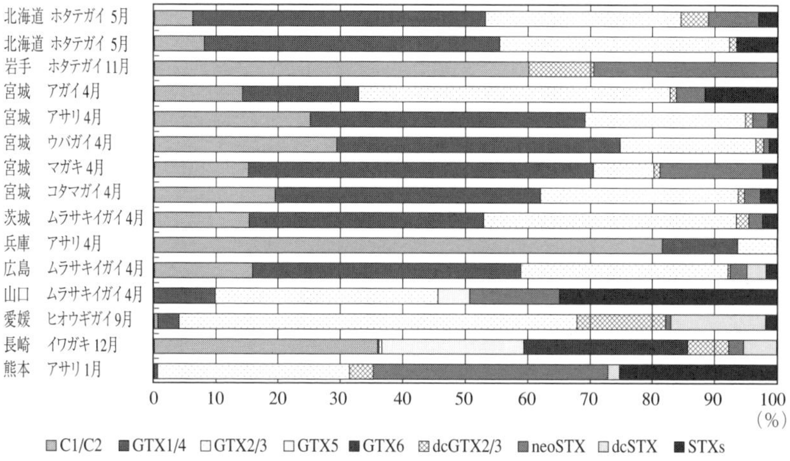

図2·5 日本各地における代表的な麻痺性貝毒の組成．

マウス毒性の検出された試料について，HPLC分析で検出された各毒の含量にその毒特有の比毒性（モル当たりのマウス単位）[1] を乗じて総計すれば，そのサンプルが示す毒力を推定できる．図2·6に推定毒力とマウス毒性試験の実測値を比較して示す．先に述べた広範な毒組成の違いにもかかわらず，両者は極めて高い相関を示し，ほぼ1：1で対応していた．一方，貝毒モニタリング，規制の観点から重要な規制基準値の4 MU / g周辺の結果を図2·7に拡大して示す．分析装置の感度のよさを反映して，マウス毒性試験では不検出の多数の試料から毒が検出されている．また，全般的にHPLCからの推定毒力がマウス毒性試験結果を上回る傾向が認められる．この差は，HPLC分析法の問題でなく，“salt effect”と称され，昔から知られているマウス毒性試験の特性を反映したものと推定される．すなわち，この領域の毒性の試料では抽出液をそのまま，あるいは2倍程度の低希釈で腹腔内投与しているため，注射液中に高濃度

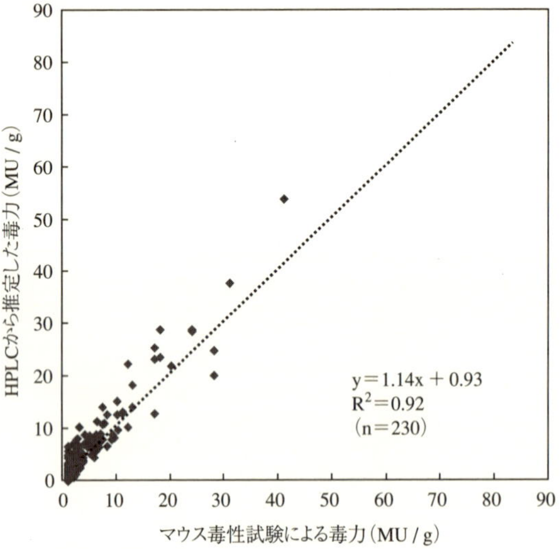

図2·6　二枚貝の毒力：マウス毒性試験とHPLC分析による推定毒力の相関性.

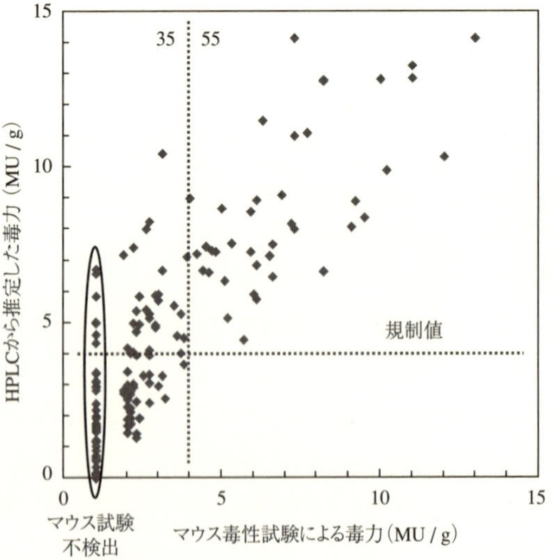

図2·7　低毒力試料のマウス毒性試験とHPLC分析による推定毒力の比較.

で含まれる食塩をはじめとする不純物が毒性の発現を遅らせ，結果的に毒性の過小評価につながっている．この効果の影響もあり，マウス毒性試験で規制値を超え，かつ，HPLCで規制値以下となる検体は1つもなかった．このことは，ここで用いたHPLC分析法がマウス毒性試験に代わる安全性試験法として方法として適用可能なことを証明している．さらに，本実験で用いた分析法のみならず，使用した標準毒（13成分）および毒力計算の基準となる比毒性の値が適正であることも実証した結果となった．また，海域の毒組成の一定性を明らかにしているので，場合によっては指標毒を選んで簡便化した方法がスクリーニング法として使えることも示している．

§3．ELISA法による国内二枚貝の分析とスクリーニング法としての可能性

抗原抗体反応を利用したELISA法は鋭敏な分析法として多様な化合物を対象に開発されている．大阪府公衆衛生研究所ではGTX2, 3を導入した合成抗原で免疫したマウスからモノクローナル抗体を得ることに成功し，毒結合酵素を組み合わせたELISAシステムを開発した[2]．さらに改良を加えた方法で全国をカバーする多数の検体を集めて分析した．図2･8にELISA反応の例として，標準としたGTX2, 3に対する標準曲線を示す．また，免疫法の特徴として抗体は毒成分に対して異なる交叉反応性を示すが，これに対応した検出限界を表2･2に示す．すなわち，マウス毒性試験と比較すると，標準のGTX2, 3に比べELISAの反応性の悪いGTX1/4, neoSTX, STXは過小評価し，ほぼ同じ反応性を示すがモル当たり

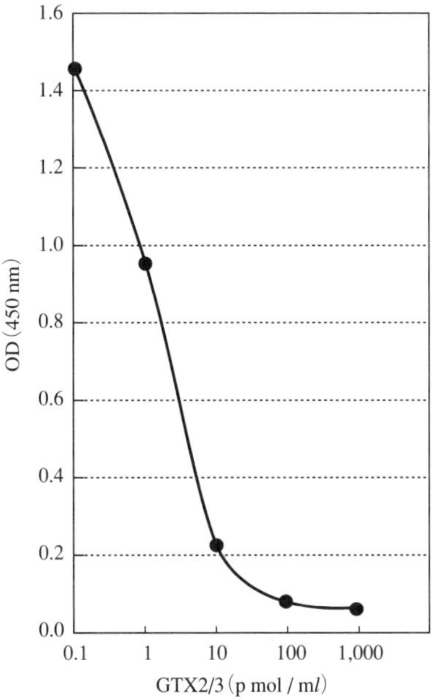

図2･8　ElLISA法のGTX2, 3に対する反応曲線.

表2·2　ELISA 法における各毒の検出限界

	比毒性 MU/μ mole	検出限界* picomole / ml	検出限界** MU / ml
GTX2,3	1065	0.37	0.00039
GTX1,4	2302	2.73	0.00628
dcGTX2, 3	1681	0.45	0.00076
C1,C2	71	0.48	0.00003
STX	2483	3.75	0.00931
neoSTX	2295	57.30	0.13150

*　モル濃度基準
**　毒力基準

の毒力の低いC1, 2は過大評価することになる．しかし，出現する渦鞭毛藻の毒を反映して二枚貝がほぼ一定の毒組成を示す一定海域内のELISA分析値はマウス毒性試験結果と極めて高い相関，直線性が認められている．ELISA分析で求められるGTX2, 3相当の濃度（nanomole / g）から推定毒力（MU/ g）に変換する係数は海域すなわち二枚貝の毒組成によって異なる．例えば，反応性の悪いGTX1, 4を著量に含む北海道のホタテガイでは2.2であるが，C1, C2を大量に含む大分のムラサキイガイ，ヒオウギには0.3を適用すればほぼ正確に毒力が求められる．また，マウス毒性試験では非検出の多数の試料がELISAに反応し，検出されたレベルはHPLC分析結果とよく一致していた．

ELISA法の何よりの特徴は表2·2に示すよう極めて高い検出感度と簡便迅速性にあり，1日に数十検体の測定が容易にできる．成分により反応性が異なる性質上，直ちにマウス毒性試験法の代わりに採用することは難しいが，これらの特性を利用したスクリーニング法としての利用の可能性は極めて高い．すなわち，ELISA法でマウス毒性に準拠する規制値より十分に低い実施基準値を設定しておき，超えないものについては安全と判断し，そのまま流通する．この値を超えた検体のみマウス毒性試験を実施し，最終的な流通の可否を判断する．実施基準値は安全性を考慮（十分な安全係数をかけ），絶対に規制基準値を超えないと保証できる数値とする必要がある．また，全国一律に適用するわけではなく，前もって十分な調査を行い，海域の毒組成の恒常性や毒力とELISAの反応性の比率が一定であることなど，十分なデータの蓄積がなされた海域に限定する必要がある．このスクリーニング法を採用すればマウス毒性試験数を数分の一に減らすことができるばかりでなく，観測定点を増やしたり，試験間隔を短縮するなど，より安全性向上に貢献できると期待される．

謝 辞

プランクトンの採集，計数値を提供いただいた岩手県，山口県の担当者の皆様に感謝の意を表します．また，二枚貝の分析試料とマウス毒性試験結果を提供くださった日本冷凍食品検査協会，北海道衛生研究所をはじめとする諸機関の皆様に厚く御礼申し上げます．

文 献

1）Y. Oshima: Post-column derivatization HPLC method for the analysis of PSP, *J. Assoc. Offic. Anal. Chem. Internat.*, 78, 795-799（1995）.

2）K. Kawatsu, Y. Hamano, A. Sugiyama, K. Hashizume, and T.Noguchi: Development and application of an enzyme immunoassay based on a monoclonal antibody against gonyautoxin components of paralytic shellfish poisoning toxins, *J. Food Protection*, 65, 1304-1308（2002）.

3. 下痢性貝毒のモニタリング

鈴木敏之*[1]・濱野米一*[2]・関口礼司*[3]・城田由里*[4]

昭和50年代前半に宮城県で発生したムラサキイガイによる食中毒は下痢性貝毒と命名され[1)]，その後，ヨーロッパの大西洋岸など世界的に多くの中毒患者が発生した．国内では，北海道・東北沿岸海域で下痢性貝毒による二枚貝の毒化が頻発しているが，近年，西日本でも二枚貝の毒化による出荷自主規制措置が散発的に報告されており，被害の広域化が懸念される．二枚貝の安全性を確保するため，水揚げされた二枚貝は公定法であるマウス毒性試験[2)]により定期的に検査されており，毒力が基準値を超えると，生産者による出荷自主規制措置が講じられる．原則として，3週連続して基準値を下回るまで出荷が見送られる．また，二枚貝の毒化原因プランクトンである*Dinophysis*属有毒プランクトンを監視することにより，二枚貝の毒化原因の解明や，毒化兆候の把握が行われている．

マウス毒性試験は，生きたマウスの腹腔内に貝の抽出液を投与し，マウスの生死で毒力を判定する手法であり，貝毒検査の公定法として国際的にも広く普及しており，二枚貝の安全性を確保するために果たしている役割は極めて大きい．しかし，近年，欧米諸国ではマウス毒性試験のように生きた動物を使用する検査を可能な限り制限しようとする動きが広がっている．さらに，マウス毒性試験は，マウスの症状からある程度は検出している毒の種類についての情報が得られるものの，検査対象である貝毒に対して必ずしも特異的な手法とは言えない．こうしたことから，マウス毒性試験に依存しない貝毒検査法の開発が各国で進められるようになってきた．ここでは，近年飛躍的に発達した液体クロマトグラフィー／質量分析（LC-MS）による下痢性貝毒の分析法を中心に，

*[1] (独) 水産総合研究センター東北区水産研究所
*[2] 大阪府立公衆衛生研究所
*[3] (財) 日本食品分析センター
*[5] (財) 日本冷凍食品検査協会

酵素結合免疫吸着検定（enzyme-linked immunosorbent assay：ELISA）法などによる簡易測定法を紹介し，これらを応用した将来の貝毒モニタリング体制について述べる．

§1. 下痢性貝毒の化学構造・毒性とマウス毒性試験

わが国の二枚貝から検出される代表的な下痢性貝毒を図3·1に示す．下痢性貝毒は多数のエーテル結合を分子内に有するポリエーテル化合物である[3,4]．

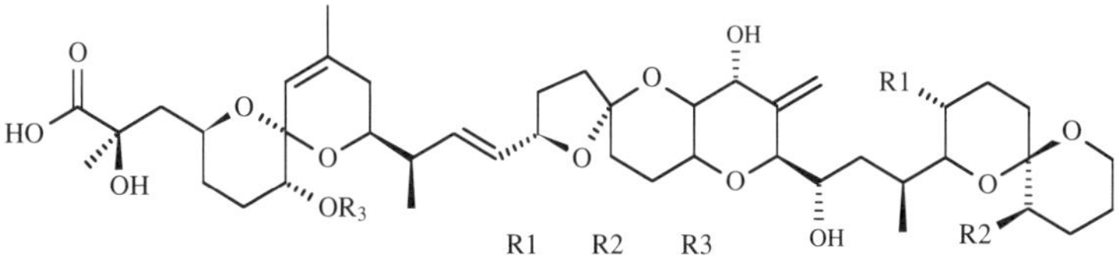

	R1	R2	R3
okadaic acid	CH_3	H	H
dinophysistoxin-1	CH_3	CH_3	H
dinophysistoxin-3	CH_3	CH_3	acyl

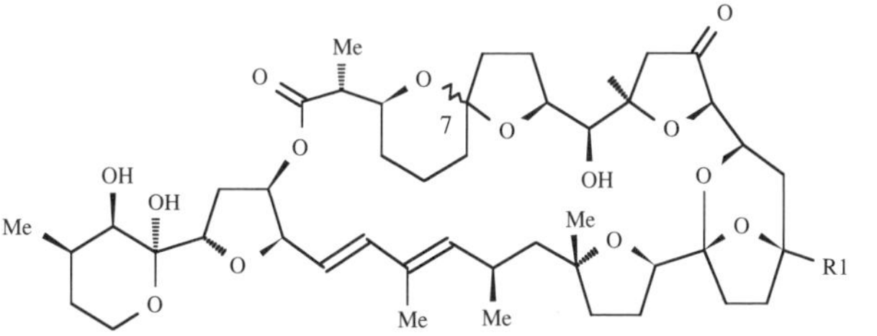

	R1	C7
pectenotoxin-1	CH_2OH	*R*
pectenotoxin-2	CH_3	*R*
pectenotoxin-3	CHO	*R*
pectenotoxin-6	COOH	*R*

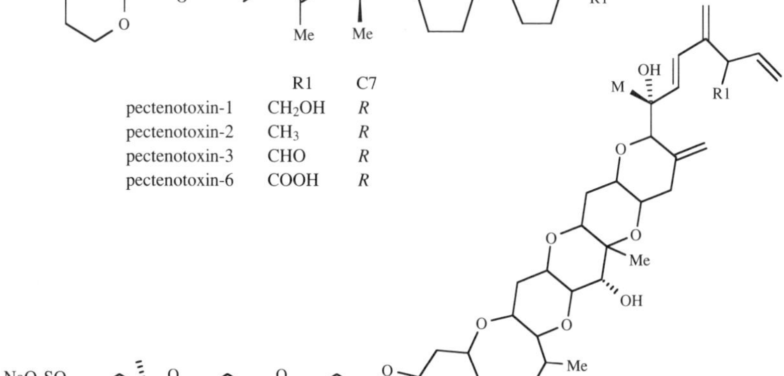

	R1
yessotoxin	H
45-hydroxy yessotoxin	OH

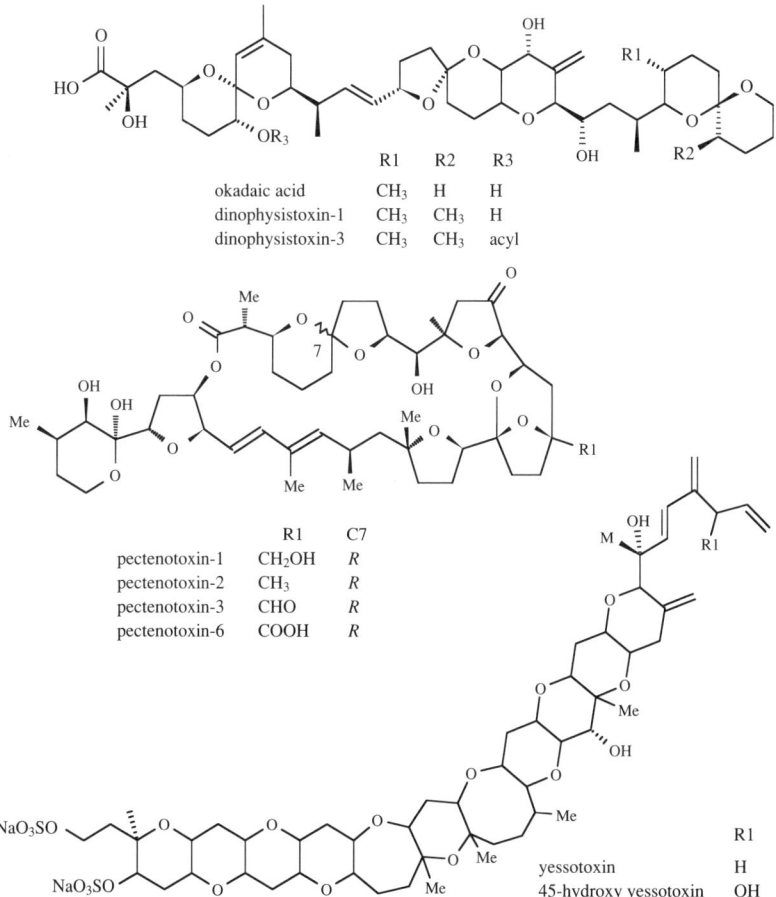

図3·1 わが国の二枚貝から検出される主要下痢性貝毒の化学構造.

基本骨格となる化学構造の違いにより，3群に分類されてきた．第1群はオカダ酸（okadaic acid：OA），ジノフィシストキシン（dinophysistoxin：DTX）群で，10成分を超える類縁体が報告されている．OA,DTX群は強力な下痢原性を有する[5]．また，発ガン促進作用があることも知られており[6]，最も危険な毒である．7位水酸基に脂肪酸がエステル結合したジノフィシストキシン3（dinophysistoxin-3：DTX3）は二枚貝の代謝物であり[7]，Dinophysis属有毒プランクトンが生産するOA[8]やジノフィシストキシン1（dinophysistoxin-1：DTX1）[8]が前駆体である．第2群はペクテノトキシン（pectenotoxin：PTX）群で，10成分以上の類縁体が報告されている．PTX2はOA，DTX1と同様に*Dinophysis*属有毒プランクトンにより生産され[8]，その他のほとんどのPTX類縁体は二枚貝の代謝物である[9－11]．第3群はイェッソトキシン（yessotoxin：YTX）群であり，10成分を超える類縁体が知られている．YTXといくつかの類縁体は有毒プランクトン*Protoceratium reticulatum*により生産されるが[12－14]，二枚貝から検出されるYTX類縁体の多くは代謝物と推察されており，45-ヒドロキシイェッソトキシン（45-hydroxyyessotoxin：45-OHYTX）はYTXの二枚貝代謝物であることが明らかにされている[15]．PTX群やYTX群については，マウスに対する顕著な経口毒性が認められないため[16－18]，ヒトに対する危険性はOA群と比較して低く評価されており，欧州連合（EU）は近年YTX群に対する規制基準値を緩和した[19]．このように下痢性貝毒では，毒性が化学構造により異なり，毒の総称についても，顕著な下痢原性を有するOA，DTX群を除き，その他のPTX群やYTX群は下痢性貝毒から除外して，脂溶性貝毒と称する動きが国際的に広がっている．しかし，本稿では従来通り3群を総称して下痢性貝毒と呼ぶことにする．

わが国の公定法であるマウス毒性試験では，食品（二枚貝可食部）1 g当たりの許容量を0.05マウスユニット（MU）以下と定めており[2]，OAに換算すると食品100 g中の許容量は20 μg以下となる．一方，EUの規制基準値では，OA，PTX群については食品100 g中の許容量は16 μg以下，YTX群については100 μg以下と定めており，YTX群についてはわが国の基準値と比較すると10倍と大幅に基準値が緩和されている[19]．マウス毒性試験では，3群を個別に定量することは容易ではなく，検査精度についても問題点が指摘されている．

§2．LC-MSによる下痢性貝毒一斉分析法

ここでは，最近，筆者らが開発した下痢性貝毒一斉分析法について紹介する[20, 21]．試料の調製は，二枚貝試料のホモジネートの一部を遠沈管に秤量し，試料1 g当たり9 mlの90％メタノールを加えてホモジナイズし，3,000 rpmで5分間遠心分離した後，上澄みの一部を回収する．こうして調製した試料の一部を直接LC-MSに注入する．検査機関でLC-MSを利用して多数検体を検査する際には，煩雑な前処理が負担になる上，検査者の技量により定量結果に少なからず誤差が生じる恐れがあるが，本法は煩雑な前処理は不要であり，極めて実用性の高い手法といえる．

図3･2にわが国のホタテガイ抽出液をLC-MSにより一斉分析したクロマトグラムを示す．約20分で全毒を一斉検査することが可能である．分離にはC8逆相分配系カラムを用いている．本法では，カラムスイッチング法を導入することにより，LCで分離された毒の溶出画分のみをイオン源に導入し，イオン源や検出器の汚染を最低限に抑えるように工夫している．図3･2のクロマトグラムの9分から15分，19分から22分のフラクションがカラムスイッチング法により，イオン源に導入されており，その他のフラクションはすべて廃棄されている．さらに，LCの移動相として蒸留水（50 mMギ酸，2 mMギ酸アンモニ

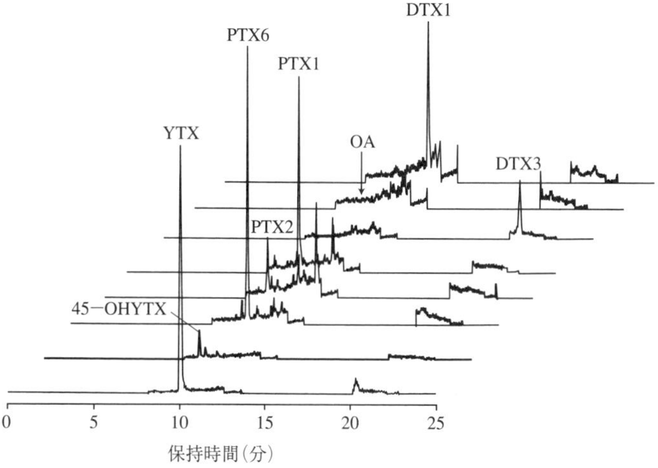

図3･2　ホタテガイ抽出液のLC-MSクロマトグラム．

ウム）（A 液）から95％アセトニトリル（50 mM ギ酸，2 mM ギ酸アンモニウム）（B 液）へのリニアーグラジエント分析を行っているため，1 回の分析ごとにカラムを洗浄していることも試料の連続分析において，高い再現性が得られる要因と考えられる．イオン化は電子スプレーイオン化法により，イオンの検出は，選択イオン検出（Selected Ion Monitoring：SIM）法の陰イオンモードを用いた．下痢性貝毒では，陽イオンモードでは分子量関連イオン $[M+H]^+$，$[M+NH_4]^+$，$[M+Na]^+$が検出される．一方，陰イオンモードでも同様に分子量関連イオンである $[M-H]^-$，$[M+CH_3COOH-H]^-$，$[M+HCOOH-H]^-$が検出される．検出感度の観点では，YTX 以外の毒では，陽イオンモードで $[M+NH_4]^+$か $[M+Na]^+$を検出した方が陰イオンモードで $[M-H]^-$，$[M+CH_3COOH-H]^-$，$[M+HCOOH-H]^-$を検出するよりも高い感度が得られるため，LC-MS/MS による構造解析では，陽イオンモードで $[M+NH_4]^+$を分析することが多い[22－24]．しかし，定量分析を主目的としてLC-MS を利用する場合には，感度だけではなく，生物試料由来のマトリクスの影響による定量誤差を考慮する必要がある．様々な試料について，様々な条件で分析した結果，陰イオンモードで，OA，DTX 群については $[M-H]^-$，PTX 群については $[M+HCOOH-H]^-$，YTX 群については $[M-2Na+H]^-$を検出することにより，マトリクスの影響をほとんど受けずに定量することが可能であることが明らかになった．図3･2 はこれらのイオンを検出して得られたクロマトグラムである．最も検出感度が悪かったPTX6 でも検出下限値（S/N 比＝3）は50 ng / g 中腸腺であり，この値はマウス毒性に換算すると0.005 MU / g に相当し，中腸腺1 g 当たりの規制基準相当値を0.5MU / g とするわが国の許容量と比較し，はるかに低濃度の毒が含まれている場合にも検出することができる．

下痢性貝毒に対する簡便なLC-MS を開発したことにより，多数検体の試料を短時間で分析することが可能になり，一部の海域のホタテガイを除きほとんど解明されていなかった国内産二枚貝の毒組成が初めて明らかになった[20, 21]．表3･1 に2003 年に国内の主要生産海域で毒化にしたホタテガイやイガイ類の毒組成を示す．ここでは，マウス毒性がないペクテノトキシン2 セコ酸は除外している．わが国の*Dinophysis* 属有毒プランクトンが生産する主要毒はDTX1 と PTX2 である[8]．一方，*Protoceratium reticulatum* が生産する主要毒は

表3·1　2003年に国内主要産地から収集した二枚貝の下痢性貝毒組成

二枚貝種	産地	検体数*	平均組成比　重量%（SD）								平均総毒含量, ug/g 中腸腺（SD）
			OA	DTX1	DTX3	PTX1	PTX2	PTX6	YTX	45OHYTX	
ホタテガイ	北海道	102	–	3 (7)	Tr	2 (6)	Tr	31 (25)	50 (24)	13 (19)	1.0 (1.4)
Patinopecten	青森県	38	–	7 (6)	2 (3)	3 (4)	Tr	47 (17)	36 (20)	5 (5)	4.5 (2.3)
yessoensis	岩手県	45	–	5 (2)	10 (5)	7 (4)	3 (3)	55 (14)	14 (12)	6 (7)	2.6 (1.0)
	宮城県	50	–	3 (2)	7 (5)	7 (5)	3 (4)	71 (11)	7 (6)	2 (2)	2.6 (1.9)
ムラサキイガイ	青森県	3	–	83 (30)	2 (3)	–	–	–	10 (18)	5 (10)	2.9 (4.6)
Mytilus	岩手県	5	–	38 (21)	11 (6)	–	–	–	36 (19)	15 (8)	0.6 (0.2)
galloprovincialis	宮城県	27	–	28 (22)	9 (8)	Tr	–	–	43 (18)	20 (9)	1.0 (0.8)
イガイ	秋田県	5	–	80 (6)	11 (5)	–	–	–	8 (6)	1 (1)	5.6 (3.9)
Mytilus	山形県	4	–	91 (6)	8 (4)	–	–	–	1 (2)	Tr	6.5 (4.0)
coruscus	新潟県	5	–	96 (5)	4 (5)	–	Tr	–	Tr	–	4.5 (5.2)

SD：標準偏差
Tr：0.2 %以下
OA：オカダ酸, DTX, ジノフィシストキシン, PTX：ペクテノトキシン, YTX：エッソトキシン, 45OHYTX：45-ヒドロシキエッソトキシン
*　二枚貝10個体以上から毒を抽出して1検体とした.

YTXである[12]．*Dinophysis*属有毒プランクトン起源の毒については，ホタテガイの主要毒はPTX2の代謝物であるPTX6であった．一方，イガイ類ではDTX1が主要毒であった．こうした種間の毒組成の違いは，．毒の代謝動態[9－11]の違いにより説明することができる．一方，*P. reticulatum*が生産するYTXは，ホタテガイやイガイ類の主要毒であった．YTXが毒全体に占める割合は同一生産地の同一種内においても一定ではなかったが，この違いは，二枚貝が摂餌したプランクトン中の*Dinophysis*属有毒プランクトンと*P. reticulatum*の存在比率の違いに起因していると考えられた．表3･1は2003年に収集した二枚貝の分析結果であるが，2004年，2005年に収集した二枚貝の毒組成もほぼ同様の傾向を示したことから，二枚貝の毒組成は年ごとの差異は少なく，ホタテガイではPTX6とYTXが主要毒であり，イガイ類ではDTX1とYTXが主要毒であることが明らかになった．こうした二枚貝の毒組成についての知見は，マウス毒性試験に代わる検査法として貝毒簡易測定法を利用して二枚貝の毒性をモニタリングする際に重要なバックグラウンドデータとなる．また，マウス毒性試験では，二枚貝の毒組成についての情報は得られないため，二枚貝種間の下痢中毒のリスクの違いについては，これまで検討されていなかった．表3･1の結果から，下痢原性を有するDTX1を主要毒とするイガイ類はホタテガイよりも下痢中毒のリスクは高いと推察される．これまでに国内で発生している下痢性貝毒による中毒事例の多くは，ムラサキイガイによる中毒である．ホタテガイとイガイ類ではモニタリング頻度などが異なるため単純に比較はできないが，ムラサキイガイによる食中毒事例が多いという歴史的な事実は，毒組成から推察したイガイ類の危険性とも符号し興味深い．

2005年に採取した同一試料196検体を用いて，LC-MSとマウス毒性試験で測定した毒力を比較した結果を図3･3に示す．LC-MSにより定量したそれぞれの毒含量（毒重量）は，各毒の腹腔内投与による重量当たりの比毒性（OA＝4，DTX1＝3.2，DTX3＝5，PTX1＝5，PTX2＝4.6，PTX6＝10，YTX＝2，45-OHYTX＝10 μg / MU）[25, 26]によりマウスユニット（MU）に換算し，それぞれの毒力の総和を試料の毒力とした．マウス毒性試験では，検査結果は毒力の範囲で表わされるため，LC-MSの測定結果との比較には，毒力範囲の中間値を用いた．例えば，マウス毒性試験の結果が0.025～0.05 MU / gの場

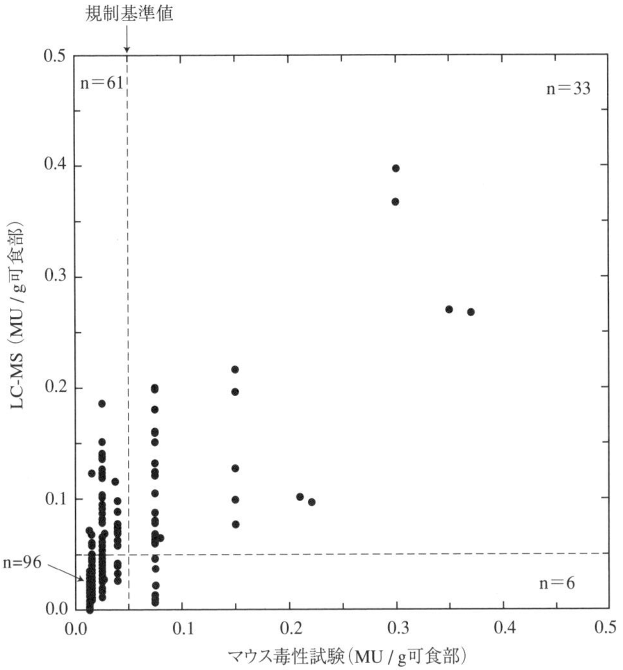

図3･3　国内主要生産海域で収集した二枚貝試料の毒力（MU / g）をマウス毒性試験とLC-MSにより測定し比較した結果.

合には，その中間値である0.0375 MU / gをその試料の毒力とした．複雑な毒組成を有する二枚貝の下痢性貝毒の毒力をLC-MSで測定し，マウス毒性試験の検査結果と比較した研究例は他になく，著者らの研究で初めて実施されたものである．96検体はLC-MSとマウス毒性試験で規制基準値（0.05 MU / g可食部）を超えず，33検体はLC-MSとマウス毒性試験で基準値を超えた．6検体については，マウス毒性試験では基準値を超えたが，LC-MSでは基準値以下であった．これら6検体のマウス毒性試験の毒力は，マウス毒性試験の検出限界付近である0.05～0.1 MU/gであったことから，従来から指摘されている遊離脂肪酸による偽陽性が疑われた．一方，マウス毒性試験では基準値を超えなかった61検体がLC-MSでは基準値を超えた．マウス毒性試験の検査手順に含まれる水とジエチルエーテルによる分配では，イェッソトキシン（YTX）が完全にジエチルエーテル層に分配されないことが報告されている[27]．また，ホタテガイの主要毒であるペクテノトキシン6（PTX6）についてもYTXと同様に完全にジエチルエーテル層に分配されないことが明らかになっている（未公開データ）．マウス試験毒性試験ではジエチルエーテルに分配された脂溶性画分がマウスの腹腔内に投与される．マウス毒性試験とLC-MSによる定量値に違いが生じた検体の主要毒はYTXとPTX6であったことから，これらを主要毒とする試料については，マウス毒性試験では毒力を過小評価していることが本結果からも推察された．以上の結果から，LC-MSはマウス毒性試験の代替検査法として有望であるだけではなく，YTXやPTX6を多く含む試料の検査法として，マウス毒性試験よりも検出感度と精度の観点から優れていると判断された．

§3．下痢性貝毒簡易測定法によるスクリーニング検査

近年，ELISA法やプロテインフォスファターゼ2A（protein phosphatase 2A：P2A）酵素阻害法によるOA, DTX群に対する簡易測定法が開発されている．濱野らが開発したELISA法はOA，DTX1に加えて7位水酸基に脂肪酸がエステル結合したDTX3も検出できるのが特徴である．したがって，DTX3の割合が高い国内産ホタテガイを検査する際，この特徴は有利であると考えられる．国内産ホタテガイをマウス毒性試験（公定法）とELISA法で測定した結果を比較したところ，マウス毒性試験で規制基準値（0.05 MU / g可食部）を超える検体や乳のみマウス法を用いた下痢原性試験[28]で陽性となった全ての検体から毒が検出されることが確認されている（平成10～14年度二枚貝等安全対策事業（課題名：下痢性貝毒等の簡易測定法のモニタリング事業への導入のための基礎的研究と実証）．一方，（財）日本食品分析センターが開発したPP2A酵素阻害法の測定精度を検証するため，国内産二枚貝数百検体を対象に，PP2A酵素阻害法と§2．で紹介したLC-MSの測定結果を比較した結果，両者は極めて高い相関を示すとともに，測定値についてもほぼ一致し，PP2A酵素阻害法の測定精度はLC-MSに匹敵することが明らかになった（論文投稿中）．§1．で述べた通り，下痢性貝毒3群の中では，OA, DTX群が顕著な下痢原性を有し，最も危険な毒であるのに対して，YTX群やPTX群は規制対象外とすることがCODEX（国際食品企画委員会）などの国際会議では検討され始めている．

したがって，OA, DTX群を対象とした高精度なモニタリング体制の確立は，今後ますます重要な課題になるであろう．一方，国内主要生産地の二枚貝の毒組成についてのデータは，表3·1で示したように十分なデータが蓄積されつつある．これらのデータから国内の主要生産海域の二枚貝は，ごく一部の海域を除き，ほぼ全海域でDTX群を蓄積していることが明らかにされている．したがって，当面は公定法であるマウス毒性試験を行う前段のスクリーニング試験として，OA, DTX群を対象として簡易測定法で検査を行い，スクリーニング基準値を超えた検体についてマウス毒性試験で確定検査を行えば，マウス毒性試験の件数を減らし，より迅速で効率的なモニタリングを実現するとも可能である．現在，筆者らは2003年から2005年の間に国内で収集した二枚貝約1,000検体のデータに基づき，スクリーニング基準値の設定について検討しており，東北・北海道産のホタテガイでは十分なデータが蓄積されているため，スクリーニング基準値を設定することは可能と考えている．簡易測定法は検査機関でのスクリーニング試験用のみならず，生産現場で利用することも可能であるため，簡易測定法の普及が実現すれば，生産地ごとにきめの細かい二枚貝の毒性のモニタリングを高頻度に行うことが可能となり，二枚貝の食品としての安全性も向上するであろう．

§4．より高度で安全な貝毒モニタリング体制に向けて

LC-MSによる高精度な下痢性貝毒の一斉分析法に加えて，ELISA法や酵素阻害法を利用した貝毒の簡易測定法が開発され，貝毒の検査体制を高度化する技術的な基盤は整いつつある．LC-MSについては，マウス毒性試験の代替検査法となりうることが実証された．一方，簡易測定法については，農林水産省のプロジェクト研究により，（独）水産総合研究センターが中核機関となり，東北大学，北里大学，大阪府立公衆衛生研究所，（財）日本食品分析センター，（財）日本冷凍食品検査協会など国内の貝毒研究検査機関が参画・協力し開発が進められている．これらの簡易測定法を貝毒検査のスクリーニング試験用に利用し，陽性検体をマウス毒性試験で確定すれば，マウス毒性試験の件数を減らすだけではなく，より迅速できめの細かい検査が可能になり，水産食品の安全性の確保にも貢献できるであろう．さらに，マウス毒性試験に代わり，LC-

MSで貝毒の確定検査を行えば，動物検査に依存しない貝毒の検査体制を実現することも可能であり，将来はこうした検査体制に移行することも予想される．

謝 辞

本研究の一部は，農林水産省の「先端技術を活用した農林水産研究高度化事業」のプロジェクト研究「現場即応型貝毒簡易測定キットと安全な貝毒モニタリング体制の開発」（課題番号1504）の中で実施された．本研究を推進するために，自主検査用の二枚貝検体を提供して頂いた漁業協同組合および漁業協同組合連合会，道府県自治体の貝毒関係者に対して，深く謝意を表します．

文 献

1）T. Yasumoto, Y. Oshima, and M. Yamaguchi: Occurrence of a new type of shellfish poisoning in the Tohoku district, *Nippon Suisan Gakkaishi*（*Bull. Japan. Soc. Sci. Fish.*），44, 1249-1255（1978）.

2）厚生省乳肉衛生課長通知“下痢性貝毒検査法”昭和56年5月19日，環乳第37号（1981）.

3）T. Yasumoto, M. Murata, Y. Oshima, M. Sano, G.K. Matsumoto, and J. Clardy: Diarrhetic shellfish toxins, *Tetrahedron*, 41, 1019-1025（1985）.

4）T. Yasumoto and M. Murata: Marine toxins, *Chem. Rev.*, 93, 1897-1909（1993）.

5）K. Terao, E. Ito, T. Yanagi, and T. Yasumoto : Histopathological studies on experimental marine toxin poisoning. I. Ultrastructural changes in the small intestine and liver of suckling mice induced by dinophysistoxin-1 and pectenotoxin-1, *Toxicon*, 24, 1141-1151（1986）.

6）H. Fujiki, M. Suganuma, H. Suguri, S. Yoshizawa, K. Takagi, N. Uda, K. Wakamatsu, K. Yamada, M. Murata, T. Yasumoto, and T. Sugimura: Diarrhetic shellfish toxin, dinophysistoxin-1, is a potent tumor promoter on mouse skin, *Gan*（*Jpn. J. Cancer Res.*），79, 1089-1093（1988）.

7）T. Suzuki, H. Ota, and M. Yamasaki : Direct evidence of transformation of dinophysistoxin-1 to 7-*O*-acyl-dinophysistoxin-1（dinophysistoxin-3）in the scallop *Patinopecten yessoensis, Toxicon*, 37, 187-198（1998）.

8）J.S. Lee, T. Igarashi, S. Fraga, E. Dahl, P. Hovgaard, and T. Yasumoto: Determination of diarrhetic shellfish toxins in various dinoflagellate species, *J. Appl. Phycol.*, 1, 147-152（1989）.

9）T. Suzuki, T. Mitsuya, H. Matsubara, and M. Yamasaki: Determination of pectenotoxin-2 after solid phase extraction from seawater and from the dinoflagellate *Dinophysis fortii* by liquid chromatography with electrospray mass spectrometry and ultraviolet detection: evidence of oxidation of pectenotoxin-2 to pectenotoxin-6 in scallops, *J. Chromatogr. A*, 815, 155-160（1998）.

10) T. Suzuki, L. Mackenzie, D. Stirling, and J. Adamson: Pectenotoxin-2 seco acid: a toxin converted from pectenotoxin-2 by New Zealand Greenshell mussel, *Perna canaliculus, Toxicon*, **39**, 507-514 (2001).

11) T. Suzuki, L. Mackenzie, D. Stirling, and J. Adamson: Conversion of pectenotoxin-2 to pectenotoxin-2 seco acid in the New Zealand scallop, *Pecten novaezelandiae, Fish. Sci.*, **67**, 506-510 (2001).

12) M. Satake, L. MacKenzie, and T. Yasumoto: Identification of *Protoceratium reticulatum* as the biogenetic origin of yessotoxin, *Nat. Toxins*, **5**, 164-167 (1997).

13) M. Satake, T. Ichimura, K. Sekiguchi, S. Yoshimatsu, and Y. Oshima: Confirmation of yessotoxin and 45,46,47-trinoryessotoxin production by *Protoceratium reticulatum* collected in Japan, *Nat. Toxins*, **7**, 147-150 (1999).

14) K. Eiki, M. Satake, K. Koike, T. Ogata, T. Mitsuya, and Y. Oshima: Confirmation of yessotoxin production by the dinoflagellate *Protoceratium reticulatum* in Mutsu Bay, *Fish. Sci.*, **71**, 633-638 (2005).

15) T. Suzuki, T. Igarashi, K. Ichimi, M. Watai, M. Suzuki, E. Ogiso, and T. Yasumoto: Kinetics of diarrhetic shellfish poisoning toxins, okadaic acid, dinophysistoxin-1, pectenotoxin-6 and yessotoxin in scallops *Patinopecten yessoensis, Fish. Sci.*, **71**, 948-955 (2005).

16) C.O. Miles, A.L. Wilkins, R. Munday, M.H. Dines, A.D. Hawkes, L.R. Briggs, M. Sandvik, D.J. Jensen, J.M. Cooney, P.T. Holland, M.A. Quilliam, A.L. MacKenzie, V. Beuzenberg, and N.R. Towers: Isolation of pectenotoxin-2 from *Dinophysis acuta* and its conversion to pectenotoxin-2 seco acid, and preliminary assessment of their acute toxicities, *Toxicon*, **43**, 1-9 (2004).

17) H. Ogino, M. Kumagai, and T. Yasumoto: Toxicologic evaluation of yessotoxin, *Nat. Toxins*, **5**, 255-259 (1997).

18) T. Aune, R. Sorby, T. Yasumoto, H. Ramstad, and T. Landsverk: Comparison of oral and intraperitoneal toxicity of yessotoxin towards mice, *Toxicon*, **40**, 77-82 (2002).

19) European Union, 2002. Commission decision of 15 March 2002 laying down detailed rules for the implementation of Council Directive 91/492/EEC as regards the maximum permitted levels and the methods for analysis of certain marine biotoxins in bivalve molluscs, echinoderms, tunicates and marine gastropods (2002/225/EC).Off. J. Eur. Communities, L 75/62.

20) T. Suzuki, T. Jin, Y. Shirota, T. Mitsuya, Y. Okumura, and T. Kamiyama: Quantification of lipophilic toxins associated with diarrhetic shellfish poisoning (DSP) in Japanese bivalves by liquid chromatography-mass spectrometry (LC/MS) and comparison with mouse bioassay (MBA) as the official testing method in Japan, *Fish. Sci.*, **21**, 1370-1378 (2005).

21) 橋本　諭・鈴木敏之・城田由里・本間基久・板橋　豊・長南隆夫・神山孝史：北海道産ホタテガイ *Patinopecten yessoensiss* の下痢性貝毒組成の解明およびLC-MSとマウス毒性試験により測定した毒力の比較，食品衛生学会誌，**47**，33-40 (2006).

22) T. Suzuki, V. Beuzenberg, L. Mackenzie, and M.A.Quilliam: Liquid chromatography-mass spectrometry of spiroketal stereoisomers of pectenotoxins and the analysis of novel pectenotoxin isomers in

the toxic dinoflagellate *Dinophysis acuta* from New Zealand, *J. Chromatogr. A*, 992, 141-150 (2003).

23) T. Suzuki, V. Beuzenberg, L. Mackenzie, and M.A. Quilliam: Discovery of okadaic acid esters in the toxic dinoflagellate *Dinophysis acuta* from New Zealand using liquid chromatography/tandem mass spectrometry, *Rapid. Commu. Mass Spectrom.*, 18, 1131-1138 (2004).

24) T. Suzuki, J.A. Walter, P. LeBlanc, S. MacKinnon, C.O. Miles, A.L. Wilkins, R. Munday, V.Beuzenberg, A.L. Mackenzie, D.J. Jensen, J.M. Cooney, and M.A. Quilliam: Identification of pectenotoxin-11 as 34-*S*-hydroxypectenotoxin-2, a new pectenotoxin analogue in the toxic dinoflagellate *Dinophysis acuta* from New Zealand, *Chem. Res. Toxicol.*, 19, 310-316 (2006).

25) T. Yasumoto, M. Fukui, K. Sasaki, and K. Sugiyama: Determinations of marine toxins in foods, *J. AOAC Int.*, 78, 574-582 (1995).

26) M. Satake, K. Terasawa, Y. Kadowaki, and T. Yasumoto: Relative configuration of yessotoxin and isolation of two new analogs from toxic scallops, *Tetrahedron Lett.*, 37, 5955-5958 (1996).

27) H. Ramstad, S. Larsen, and T. Aune: Repeatability and validity of a fluorimetric HPLC method in the quantification of yessotoxin in blue mussels (*Mytilus edulis*) related to the mouse bioassay, *Toxicon*, 39, 1393-1397 (2001).

28) Y. Hamano, Y. Kinoshita, and T. Yasumoto : Enteropathogenicity of diarrhetic shellfish toxins in intestinal models, *J. Food Hyg. Soc. Japan*, 27, 375-379 (1986).

4. 有毒プランクトンの分類と顕微鏡を用いたモニタリング

吉田　誠*[1]・福代康夫*[2]

貝類漁場などの海水中から，顕微鏡を用いて貝毒原因プランクトンを探し出し，貝類の毒化を予察するプランクトンモニタリングは，貝中毒防止対策として長らく行なわれてきたモニタリングである．現在でも主要なモニタリング手法として世界中で広く用いられているが，有毒プランクトンの発生量と貝の毒量の間には様々な要因が介在するため，得られる情報には限界がある．この点を補うように，現在様々な化学的・分子生物学的な分析方法が開発されてきているが，各手法にはそれぞれ利点と難点があるため，よく理解した上でうまく使い分けていく必要がある．

本稿では，各種顕微鏡を用いて植物プランクトンの形態を観察し，同定や計数を行なうことにより，貝毒原因種などのモニタリングを行なう手法を「顕微鏡観察法」とし，本手法の現状と残されている課題についてまとめ，モニタリングにおける顕微鏡観察法のこれからの位置づけについて考えた．本手法は原因種の分類学的研究と密接な関係があるが，分類にもモニタリングに支障をきたすような問題が残されている．この点について詳しく述べるとともに，難しいとの声が聞かれる，有殻渦鞭毛藻の観察法についても，実際の観察に役立つように手順を紹介した．

§1. モニタリングの対象となる毒化現象と有毒種

わが国沿岸で有毒プランクトンによって引き起こされているのは，麻痺性貝毒と下痢性貝毒が中心であり，主要なモニタリングの対象となっているのもこれらの貝毒の原因種である．両貝毒ともに原因となるのは渦鞭毛藻の一部の種である．なお珪藻の *Pseudo-nitzschia* 属の一部の種は，記憶喪失性貝毒の原

---

*[1] 熊本県立大学環境共生学部
*[2] 東京大学アジア生物環境研究センター

因種として知られている．有毒種は日本にも分布しており，培養実験によって毒産生能をもつことも確認されている[1]．この貝毒はわが国での発生の報告はなく，貝毒モニタリングの対象とはなっていないが，研究の対象としては取り扱っていかなければならない．

1・1　麻痺性貝毒原因種

麻痺性貝毒は，現在ではほぼ日本各地の沿岸で発生の可能性があると考えられるが，その原因種として知られているのは，有殻渦鞭毛藻*Alexandrium*属の*A. catenella*，*A. tamarense*，*A. tamiyavanichii*，無殻渦鞭毛藻の*Gymnodinium catenatum*である．これらの種の形態的特徴については，吉田ら[2]など多くの文献に示されている．この他*A. ostenfeldii*はわが国での出現例は非常に少なく，実際に貝毒を引き起こしたことはないが，岩手県沿岸より分離された培養株には毒性が認められている[3]．また台湾や東南アジアでは*A. minutum*は主要な貝毒原因種となっている[4]．本種はわが国沿岸でも希に出現するが，分離された培養株は無毒であり[3]，これまでのところ本種による貝毒の発生もないものと思われる．しかし*A. tamiyavanichii*は，近年では瀬戸内海における新たな原因種として注目されているが[5]，本種もまた20世紀の終わりまでは，*A. cohorticula*として既にわが国での発生や毒性が知られていたものの[6]，発生は少ないためにモニタリングの対象とされてこなかった．この前例を踏まえて，現在モニタリングの対象となっていない有毒種の存在も気にかけておく必要がある．

1・2　下痢性貝毒原因種

一方，下痢性貝毒は，東北・北海道などの東日本を中心に発生している．有殻渦鞭毛藻*Dinophysis*属の10種程度に毒産生能が確認されている[7]．本属は長年にわたって培養が試みられているにも関わらず，未だに成功していないため，毒産生能の有無を知るのは容易ではない．それでも安元博士をはじめとする，各国の研究者の努力によって，有毒種について少しずつ明らかにされてきた[8]．毒産生能が明らかになっている種のうち，出現量が多く，貝の毒化を引き起こす可能性が高い種がモニタリング対象種となる．わが国では*D. acuminata*，*D. fortii*が主要な原因種であり，*D. caudata*，*D. mitra*，*D. norvegica*，*D. rotundata*，*D. tripos*が要注意種となると考えられる．また，マウス試験において，有殻渦鞭毛藻の*Protoceratium reticulatum*が産生する，実際には下痢症状のないYessotoxinが検出され問題になっている[9]．現在の公定法では下痢性毒と同等に扱われているため，*P. reticulatum*の増減は出荷規制に関わってくることから，本種が頻出する海域ではモニタリングも必要となる．

§2．有毒種の分類上の問題点

渦鞭毛藻は様々な毒を産生することが明らかになって以来，分類についても注目されるようになり，盛んに研究が進められてきた．当初は形態の観察による分類が主流であったが，近年では遺伝子を用いた分子系統解析が取り入れられるようになり，形態の観察のみでは得られない，様々な知見が得られている．しかし，有殻渦鞭毛藻と無殻渦鞭毛藻は，形態では明らかに別々の分類群とみなせるが，分子系統解析では入り混じるなど，解釈の難しい知見が得られてきている[10]．これは渦鞭毛藻の進化が，複雑な過程を経ていることを示唆している．

有毒渦鞭毛藻の系統は，有毒種だけの特定の分類群が存在するわけではなく，多岐にわたっていることが遺伝子情報からも明らかである．例えば麻痺性貝毒原因種では，*Gymnodinium catenatum*と*Alexandrium*属は全くの別の系統である[11]．この*G. catenatum*に近縁な種には麻痺性貝毒原因種は知られていないが，逆に*Alexandrium*属には有毒種と無毒種がある．*Alexandrium*属内でも，有毒種のみがもつという形態的特徴はなく，また特有の遺伝子も発見されていない．このためモニタリングでは種レベルでの同定を余儀なくされている．また赤潮原因種も同様であるが，分類学的研究は現在も進行中であるため，用いるべき種名，あるいは属名が変わり，モニタリング担当者が困惑させられることがある．今日ではかなり分類が進んできているものの，まだ未解決の部分がある．

2･1　*Alexandrium catenella*と*A. tamarense*

*A. tamarense*など現在*Alexandrium*属に所属している有毒種の多くは，1980年代の終わりまで*Protogonyaulax*属と呼ばれていた．この*Protogonyaulax*属が1970年代に新設される以前から，既に多くの種が記載されていたが，いろいろな属に記載され，また不十分な観察によって新種記載された例も多く，種の異同について長年混乱が生じていた[12]．その後Balechの研究[13]などにより，そ

の混乱はかなり解消されてきたが，現在でもいくつかの種には，解決されていない分類上の問題がいくつか残されている．ここでは，わが国沿岸でのモニタリングに支障をきたす可能性のある問題に絞って述べたい．

A. catenella と *A. tamarense* は，最も早い時期に麻痺性貝毒原因種として認識されるようになった種であり，現在でも主要な原因種である．両種は形態的に似ているが，明確な相違点として腹孔の有無があげられてきた．しかし，韓国南部海域でシスト（休眠接合子のことで，両種はシストの形態では区別できない）から培養株を確立し，分子系統解析に供したところ，腹孔をもつ複数の株が，*A. tamarense* のクラスターではなく，*A. catenella* のクラスターに含まれることが明らかとなった[14]．両種は後縦溝板の形態にも違いがあるが[2, 13]，観察の結果いずれも *A. catenella* のもつ後縦溝板の形態であった[15]．このことから *A. catenella* にも腹孔が見られるという例が明らかとなった．その後，同様の株は瀬戸内海や三陸沿岸でも確認されている*．本来腹孔がみられる種に，腹孔が見られないという逆のケースは，*A. tamarense* や *A. minutum* では既に知られており，別種としてそれぞれ *A. fundyense*，*A. angustitabulatum* として記載されている[13]．しかし腹孔の有無のみで別種とされている分類群は，分子系統解析では別種とは判断できないことが明らかとなっている[16, 17]．このため腹孔をもつ *A. catenella* も別種とはしていない．一般に *A. tamarense* は比較的低水温時に増殖し，*A. catenella* は *A. tamarense* よりもやや高水温時に発生することが多く[18]，また増殖可能な水温の範囲が広い．そして *A. tamarense* は高密度にはならないが，*A. catenella* は赤潮を形成するほど高密度に達する[19]．もし *A. tamarense* が，季節はずれに増殖したり，高密度に発生した場合は，腹孔をもつ *A. catenella* である可能性を疑ってみるべきであろう．

2・2 *Dinophysis* 属

D. acuminata は，*D. fortii* とともにわが国における主要な下痢性貝毒原因種である．下痢性貝毒が発生するのは主に東日本であるが，同種は西日本でもしばしば観察される．発生する海域によって毒性が異なる理由として，発生海域の環境によって毒量が変化する，あるいは系群によって毒性に差異があるという推測も可能である．しかしそれ以前に，わが国沿岸で発生する *D. acumi-*

---

* 吉田：未発表

nata はすべて同一種なのか，そしてわが国の *D. acuminata* を，本当に *D. acuminata* と呼ぶべきかどうか，という2つの根本的な疑問が生じている．

世界各地で *D. acuminata* と呼ばれている個体には，様々な形態のものが知られている．実は *D. acuminata* に類似した種は古くから多数記載されているが，あまりにも細かく分けすぎているために，どの種名がどの形態に対応するのかがはっきりしない．またシノニムも整理されておらず，分類が長年放置されている状態である．このため，類似種の中で一番最初に記載された，*D. acuminata* という種名のみを使わざるを得ないのが現状である．図4･1の1～5は，八代港沖で2006年9月に採集された *Dinophysis* である．もしこれらの個体をLebour [20] の記載に従って同定を試みたとすると，少なくとも *D. acuminata*，*D. ovum*，*D. lenticula* の3種が含まれているようである．しかし実際にこれらを分けるのは無意味であろう．ちなみに図4･1の6はアイルランド産の個体で，これは八代海産のどの個体とも似ていない．しかしこの個体は，現状では *D. acuminata* と呼ばざるを得ないのである．

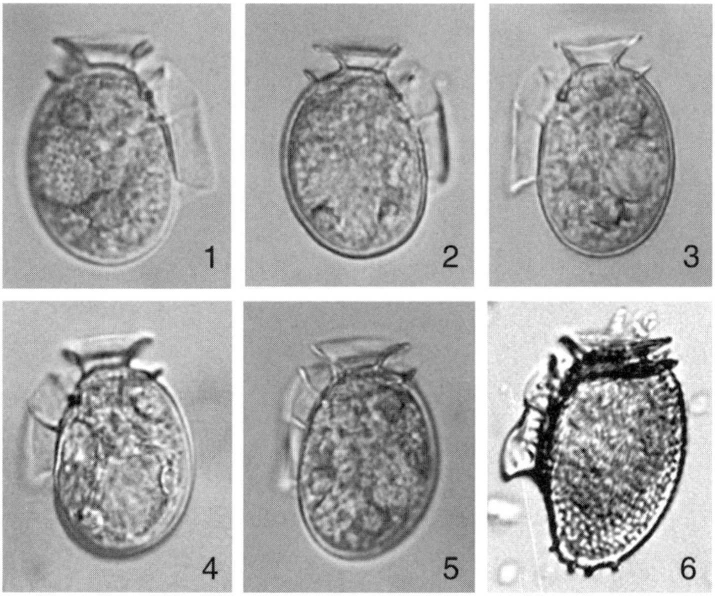

図4･1　*Dinophysis acuminata* とされる個体.
1～5：八代海産；6：アイルランド産

では昔の分類学者は，われわれよりも形態の類別に長けていたのだろうか？というわけではないようで，分類の混乱は，100年以上続いている．ほんの一例をあげると，1912年に岡村金太郎博士は，以前「江戸湾」に分布していると発表された*D. Vanhöffenii*は，*D. ovum*であると訂正した[21]．ところがKofoid and Skogsberg[22]は，そこで記載された種はこれら2種とは異なる新種で，*D. okamurai*であるとした．同じ頃Schiller[23]は，D. *Vanhöffenii*という種は，*D. spherica*，*D. arctica*，*D. acuminata*のいずれかのシノニムであるとしている．

一般的には，分類学上の問題が生じた場合には，種の定義を明確にし，種名と形態の対応関係を明らかにしていくことが必要である．そのためには当該種の原記載をよく確認し，模式標本を再度観察する作業が必要である．しかし微細藻類の場合，多くは模式標本として原記載の図を指定しているので，実際には観察は不可能である．そこで模式標本の得られた海域より試料を採集し，得られた形態型をタイプに近いものとみなして記載や系統解析を行ない，種を再定義することも行なわれている[24]．根本的な解決には，この手法が有効であるが，同海域から複数の類似種が得られることがあり[25]，別の混乱を招く可能性もある．いずれにせよ*D. acuminata*類似種に関しては，過去の記載の定義を守るのは困難であり，大胆に再定義を進めていくしかないのではないかと考えられる．そのためにも同属の培養法の確立が望まれる．

§3．有殻渦鞭毛藻観察法

現在わが国で貝毒モニタリングの対象となるのは，無殻渦鞭毛藻の*Gymnodinium catenatum*，有殻渦鞭毛藻の*Alexandrium*属と*Dinophysis*属の一部の種であるといえる．*G. catenatum*は固定が容易ではないため，通常のモニタリングでは固定することなく，観察・同定が行なわれている．同種は類似した形態をもつ*Gymnodinium impudicum*や*Cochlodinium*属の種と，細胞の大きさや横溝の形態で見分けることができるために，この手法でも大きな問題はないと思われる．一方，有殻渦鞭毛藻は細胞が薄いセルロース質の鎧板と呼ばれる小板で覆われており，ホルマリンなど普通の固定液で固定が可能である．*Dinophysis*属の同定には，側面観が重要で，一般的な同定においては細かい鎧板を観察する必要はないが，本来鎧板の配列や形態は分類学的に非常に重要な形質である．特に*Alexandrium*属は外観に角や棘といった明瞭な形質がみられないために，同定の際にも鎧板の形態の観察が必要となる．鎧板は非常に薄いため，染色を行なわなければ観察は難しいが，透過光を用いる場合，細胞そのままの状態で染色すると，原形質など細胞の内容物が観察の障害となる．そのため細胞内容物を除去する手法を会得するか，鎧板を蛍光染色し，落射蛍光顕微鏡で観察する必要がある．

3・1　観察時の基本操作

観察の際には，カバーグラスをかけた状態で行なう．細胞を回転させる際にはカバーグラスの縁を柄付き針で軽く突き，上から押しつぶす際には柄付き針でカバーグラスを軽く押す（図4・2の1）．これらの操作や，鎧板の展開をスムーズ行なうには，常に液量をコントロールすることが重要である．染色や洗浄のために水や染色液などを添加する際には，ポリエチレン製の小型の使い捨てピペットを用いてカバーグラスの縁に滴下する．逆に水分を減らす際には，紙縒りのようなもので吸い取る（図4・2の2）．この時液体を滴下した辺の反対側から吸い取ると，拡がりやすい．これらの操作の際には，観察する個体を見失

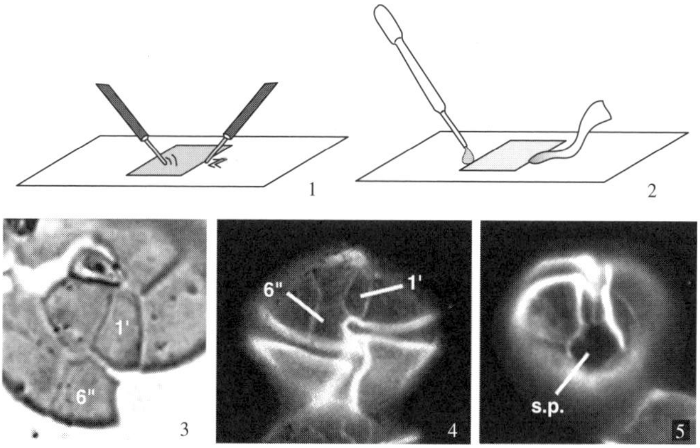

図4・2　鎧板観察時の操作（1, 2）と観察例（3～5，八代海産*Alexandrium catenella*）．
1：柄付針での操作；2：水分調節の方法；3：ヨウ素で染色した鎧板；4, 5：蛍光染色法による観察例（1'：第1頂板；6"：第6前帯板；s.p.：後縦溝板）．

わないようにしなければならない．なおスライドグラスとカバーグラスは一般的なものを用いるが，カバーグラスは18 mmの正方形のものが使いやすい．

3･2　通常光による有殻渦鞭毛藻の鎧板の観察

通常光で鎧板を染色し観察する際には，次亜塩素酸ナトリウムなどで鎧板同士の結合を緩めて，殻を展開させながら細胞の内容物を除去しなくてはならない．この方法には熟練が必要なため，蛍光染色法が普及した現在では敬遠されがちである．しかし退色が遅く，高コントラストが得られるため，蛍光染色法よりも写真撮影は容易でかつ好結果が得られる（図4･2の3）．

鎧板の展開は，希釈した次亜塩素酸ナトリウム（有効塩素濃度2％程度とされているが[26]，若干塩素臭がする程度）を添加し，細胞の状態を確認しながら量を加減する．場合によっては，柄付き針でカバーグラスの上から押してみる．次亜塩素酸ナトリウムを加えなくても，プレパラートの水分を減らすことによって細胞を変形させるだけで展開が進む場合もある．また展開の操作より先に染色したほうがよい場合もあり，状況に応じて柔軟に対応すべきである．

なお，鎧板の展開に次亜塩素酸ナトリウムを用いるため，多くの染色液は脱色されてしまう．このためヨウ素を主成分とした，「今村・福代の染色液」[26]が広く用いられている．この処方から抱水クロラールを除いた，中性ルゴール液でも染まる．これはヨウ化カリウムの水溶液にヨウ素を溶かしたものである．濃度は任意でよいが，ヨウ化カリウムとヨウ素の重量比は2：1とする．

3･3　蛍光染色による有殻渦鞭毛藻の鎧板の観察

鎧板を蛍光染料を用いて染色し，落射蛍光顕微鏡で観察する手法は，Fritzら[27]によって紹介された手法である．スチルベン系の蛍光染料（通常Calcofluorと呼ばれているが，現在よく用いられるのはSigma製のFluorescent Brightener 28）を用いて鎧板を染色すると，紫外線励起下で鎧板が青色蛍光を発するのを利用し，観察するものである．固定した試料を観察する際に，カバーグラスをかける前に1滴垂らすだけで鎧板が染まるため，大変便利である．特に雑多な種が多く含まれているプランクトンネットサンプル中から，特定の種のみを探し出す際には，極めて有効である．ただヨウ素染色に比べて退色が早いのと，被写体の蛍光の輝度が一様でないため，露光時間の設定が難しく，細部の写真撮影は難しい（部分的に輝度が飽和し，一方では露光不足となる）．

図4･2の4と5は，図4･2の3と同倍率（対物40倍）でかつ同画素数で撮影されたものだが，図4･2の3の方が鎧板が鮮明で，拡大にも耐える画像となっている．また試料の状態などによってうまく観察できないケースがあるので，ここで対処法を示す．

① 染色液の濃度が高すぎるとバックグラウンドが明るくなり過ぎ，濃度が低すぎるとうまく染まらない．筆者は6 mg（耳かき1杯程度）の染料をマイクロチューブに分取し，1 mlの蒸留水を加えて振り混ぜたものをストックソリューションとしている．そして20 ml容のバイアルに8分目まで蒸留水を入れ，そこに数滴ストックソリューションを滴下したものを染色に供しているが，試用して濃度を加減するのが肝要である．

② 細胞の周囲に多糖類が付着して，観察の障害になることがある．この場合10 mg / ml程度の過炭酸ナトリウム水溶液を用いて，基本操作で述べた要領で洗浄するとよい．蛍光染色法では，鎧板の展開に次亜塩素酸ナトリウムは使用できないので，鎧板を細胞から剥離させるためにも過炭酸ナトリウム水溶液を用いる．次亜塩素酸ナトリウムに比べると効果は弱いが，鎧板が細胞から脱落しない状態で鎧板同士を離すことができる．

③ 試料pHが低いとうまく発色しないので，酢酸ルゴール液で固定した試料は，pHの調整を行なう．前述の過炭酸ナトリウム水溶液は弱アルカリ性であるので，これを用いて洗浄する．なおグルタールアルデヒドで固定した試料もうまく発色しない場合があるが，同様に洗浄すると改善される．

④ 試料によっては細胞の内容物まで染色され蛍光を発したり，固定されていても光合成色素が赤色の自家蛍光を発する場合がある．また細胞の裏側の鎧板からの蛍光が観察の障害になることもある．この場合は前述の中性ルゴール液で内容物を軽く染色することによりマスクし，洗浄後蛍光染料を添加するとよい．なお前述の過炭酸ナトリウム水溶液はヨウ素を析出させるので，使用する順序を考慮しなければならない．

⑤ 蛍光染料が，種々の理由により入手が困難な場合は，蛍光増白剤入りの合成洗剤で代用可能である．海水100 mlを500 ml容ペットボトルに入れ，洗剤1 g（小さじ1杯程度）を加え蓋をしてよく振る．すると海水は白濁するが，これを0.45 μm位のシリンジフィルターなどでゆっくり濾過し，そのまま染色

に用いると，ほぼ同様の染色結果が得られる．

§4．貝毒モニタリングにおける顕微鏡観察法の位置付け

顕微鏡観察法は，これまでに述べてきたように，観察技術や分類の知識が必要で，観察には時間を要する．貝毒モニタリングは主に都道府県の試験研究施設によって行なわれているが，担当者は数年で異動するケースも多く，身につけた技術や知識がすぐに不用となったり，技術や知識の後任者への継承が十分でない場合も多いようである．また実際には有毒種が出現しても，環境要因や発生した系群などによって毒量が異なる，あるいは全く無毒である可能性もあることが示唆されている[8, 28]．このため，単にプランクトンを同定・計数するだけでは，十分な予察に役立たない場合もある．このような観点からみれば，顕微鏡観察法はかなり効率の悪い方法である．本書の別稿でいろいろな分子生物学的・生化学的手法が扱われているように，近年では顕微鏡観察以外の方法でモニタリングを行なうための技術が提案されており，これらが実用化されれば，新しい手法をどんどん取り入れるべきであろう．しかし顕微鏡観察で行なってきたモニタリングを，新しい手法で完全に置き換えてしまうと，得られなくなる知見があるということに注意しなくてはならない．例えば，ELISA法（Enzyme-Linked ImmunoSorbent Assay，酵素免疫測定法）のように毒そのものを対象として検出する手法は，原因種を定量する手法よりも貝の毒化の予察に明らかに有効であると考えられる．しかしこの手法のみでは原因種は特定できない．一方，特定の有毒種あるいは系群のみを検出するためには，遺伝子を用いた分子生物学的な手法が非常に有効であろう．しかしこの手法のみに依存してしまうと，対象種以外の出現種に関する知見は得られなくなる．植物プランクトンの発生や遷移機構は，未だ不明な点が多く，水温や塩分，栄養塩濃度といった一般的な環境要因では説明できないことも多い．他種の出現状況を把握することで有毒種発生の指標とする試みも行なわれており[29]，また生態研究に重要な知見ともなりうる．そして当該海域でモニタリングの対象外とされていた種や系群が発生した場合には検出できない．このように，顕微鏡観察法には，特異抗体やプローブなどを用いて対象を積極的に検出する手法とは異なり，受動的に現状を把握することができるという性質があり，手法を置き換え

る際には死角が生じないように十分な配慮が必要である.

単にその時その時の貝の毒化の可能性を知るだけであれば，おそらく新しい手法によるモニタリングで代替可能であろう．しかしモニタリング事業をこれに止めるのではなく，原因種の生態や発生機構などをさらに深く調査していくことが，より精度の高いモニタリングにつながっていくと考えられ，そこには依然として顕微鏡観察法が重要であろうと考えている.

文　献

1）Y. Kotaki, K. Koike, S. Sato, T. Ogata, Y. Fukuyo, and M. Kodama: Confirmation of domoic acid production of *Pseudonitzschia multiseries* isolated from Ofunato Bay, Japan, *Toxicon*, 37, 677-682（1999）.

2）吉田　誠・松岡數充・福代康夫：麻痺性貝毒原因渦鞭毛藻の種同定，月刊海洋，33，689-694（2001）.

3）加賀新之助・関口勝司・吉田　誠・緒方武比古：岩手県沿岸に出現する*Alexandrium*属とその毒生産能，日水誌，72，1068-1076（2006）.

4）Makoto Yoshida, Takehiko Ogata, Chu Van Thuoc, Kazumi Matsuoka, Yasuwo Fukuyo, Nguyen Chu Hoi, and Masaaki Kodama: The first finding of toxic dinoflagellate *Alexandrium minutum* Halim in Vietnam, *Fish. Sci.* 66, 177-179（2000）.

5）T. Hashimoto, S. Matsuoka, S. Yoshimatsu, K. Miki, N. Nishibori, S. Nishio, and T. Noguchi : First paralytic shellfish poison（PSP）infestation of bivalves due to toxic dinoflagellate *Alexandrium tamiyavanichii*, in the southeast coasts of the Seto Inland Sea, Japan, *J. Food Hyg. Soc. Japan*, 43, 1-5（2002）.

6）T. Ogata, P. Pholpunthin, Y. Fukuyo, and M. Kodama: Occurrence of *Alexandrium cohorticula* in Japanese coastal water, *J. Appl. Phycol.*, 2, 351-356（1990）.

7）小池一彦：下痢性貝毒原因プランクトンの分類・生態，月刊海洋，33，710-714（2001）.

8）佐藤　繁：下痢性貝毒と貝類の毒化，月刊海洋，33，715-719（2001）.

9）K. Koike, Y. Horie, T. Suzuki, A. Kobiyama, K. Kurihara, K. Takagi, S. Kaga, and Y. Oshima: *Protoceratium reticulatum* in northern Japan: environmental factors associated with seasonal occurrence and related contamination of Yessotoxin（YTX）in scallops, *J. Plankton Res.*, 28, 103-112（2006）.

10）F.J.R. Taylor: Illumination or confustion? Dinoflagellate molecular phylogenetic data viewd from a primarily morphological standpoint, *Phycol. Res.*, 52, 308-324（2004）.

11）N. Daugbjerg, G. Hansen, J. Larsen, and Ø. Moestrup: Phylogeny of some of the major genera of dinoflagellates based on ultrastructure and partial LSU rDNA sequence data, including the erection of three new genera of unarmoured dinoflagellates, *Phycologia*, 39, 302-317（2000）.

12）吉田　誠・福代康夫：形態学的特徴からみた*Alexandrium*属の渦鞭毛藻，日本プランクトン学会報，47，34-43（2000）.

13）E.Balech: The genus *Alexandrium* Halim, Sherkin Island Marine Station, 1995,

151pp.

14) K.Y. Kim and C.H. Kim : A Molecular Phylogenetic Study on Korean *Alexandrium catenella* and *A. tamarense* isolates (Dinophyceae) based on the partial LSU rDNA sequence data, *J. Korean Soc. Oceanogr.*, 39, 163-171 (2004).

15) K. Y. Kim, M. Yoshida, Y. Fukuyo, and C. H. Kim: Morphological observation of *Alexandrium tamarense* (Lebour) Balech, *A. catenella* (Whedon et Kofoid) Balech and one related morphotype (Dinophyceae) in Korea, *Algae*, 17, 11-19 (2002).

16) C. A. Scholin, M. Herzog, M. Sogin, and D. A. Anderson: Identification of group- and strain-specific genetic markers for globally distributed *Alexandrium* (Dinophyceae). II. Sequence analysis of a fragment of the LSU rRNA gene, *J. Phycol.*, 30, 999-1-11 (1994).

17) G.Hansen, N.Daugbjerg, and J.M.Franco: Morphology, toxin composition and LSU rDNA phylogeny of *Alexandrium minutum* (Dinophyceae) from Denmark, with some morphological observations on other European strains, *Harmful Algae*, 2, 317-335 (2003).

18) 岡市友利・本城凡夫・福代康夫：赤潮種と発生環境，赤潮の科学（第二版）（岡市友利編），恒星社厚生閣，1997，pp.247-291.

19) 坂本節子・長崎慶三・松山幸彦・小谷祐一：徳山湾に発生した*Alexandrium catenella*赤潮による二枚貝類の毒化．麻痺性貝毒の毒量および毒成分組成の比較，瀬戸内水研報，1，55-61（1999).

20) M. V. Lebour: The dinoflagellates of Northern Seas, Mar. Biol. Ass. UK., 1925, 250pp.

21) 岡村金太郎：かつを漁場ニ於ケル浮游生物，農商務省水産局漁業基本調査報告，1，4-38（1912).

22) C. A. Kofoid and T. Skogsberg: The Dinoflagellata; The dinophysoidae. Mem. Mus. Comp. Zool. Harvard College, 51, 1928, 766pp.

23) J. Schiller: Dinoflagellatae (Peridinieae), Akademische Verlagsgesellschaft, 1933, 617pp.

24) G. Hansen, N. Daugbjerg, and P. Henriksen: Comparative study of *Gymnodinium mikimotoi* and *Gymnodinium aureolum*, comb. nov. (=*Gyrodinium aureolum*) based on morphology, pigment composition, and molecular data, *J. Phycol.*, 36, 394-410 (2000).

25) L. A. Loeblich and A. R. Loeblich III: The organism causing New England red tides: *Gonyaulax excavata*, in "The first International conference on Toxic Dinoflagellate Blooms" (ed. by V. R. LoCicero), The Massachusetts Science and Technology Foundation, 1975, pp. 207-224.

26) 今村賢太郎・福代康夫：有殻類の鎧板観察法，赤潮生物研究指針（日本水産資源保護協会編），秀和，1987，pp.64-72.

27) L. Fritz and R. E. Trimer: A rapid simple technique utilizing calcofluor white M2R for the visualization of dinoflagellate thecal plates, *J. Phycol.*, 21, 662-664 (1985).

28) 緒方武比古：麻痺性貝毒原因プランクトンの毒生産生理，月刊海洋，33，700-704（2001).

29) 馬場俊典・内田喜隆・繁永裕司：徳山湾における貝毒原因プランクトン*Alexandrium catenella*の出現とアサリの毒化：発生期の環境特性と出現細胞密度による毒化予察の試み，山口県水産研究センター研究報告，4，171-176（2006).

5. 貝毒原因有毒プランクトンの分子モニタリング

田辺祥子*[1]・神川龍馬*[2,*3]・左子芳彦*[2]

現在日本各地の海域では，有毒プランクトンの発生状況の把握のため，調査船により定期的な採水および顕微鏡による観察が実施されている．しかしながら，このモニタリングには2つの問題点がある．まず1つ目が，プランクトンの種によっては形態的特徴に基づく同定が困難な点である．中でも，貝毒発生件数が多く厳密なモニタリングが必要である麻痺性貝毒原因プランクトン*Alexandrium*属は，形態的特徴が有毒種・無毒種間で酷似している上，増殖段階や環境要因などにより容易に変化するため，有毒種の同定がしばしば困難となる．また，本藻の同定時に用いる古い文献では分類学的記載に誤記が多く見られ，未だ本属全体の形態分類体系が確立されていないため正確な同定が不可能である[1)]．さらに同定を困難にさせる原因の1つが，分類基準となる形態的特徴の形容である．「細胞全体が丸い」といった基準は，同定者の主観的判断や経験に依存するところが多く，客観的に有毒種を同定することは困難である．このような現状から，顕微鏡を用いた種同定には，豊富な分類学知見や熟練した観察技術が必要となっている．そのため，実際の現場モニタリングでは同定時にしばしば混乱が生じている．

2つ目の問題点として，現行の検鏡による発生状況の把握のみでは，有毒プランクトンの発生・消滅を事前に知ることが不可能な点があげられる．貝毒被害防止のためには，発生時期および発生細胞数を厳密に予察することが最重要課題であり，新たなモニタリング法の確立が切望されている．本稿においては，これら問題点を解決すべく研究が進んでいる*Alexanrium*属を中心に，塩基配列の差異を分類形質（分子マーカー）とした種同定と定量法，および生活環特異的遺伝子をマーカーとした発生・消滅予察法の開発について述べる．

*[1] 神戸大学内海域環境教育研究センター
*[2] 京都大学大学院農学研究科
*[3] 日本学術振興会特別研究員DC

§1. DNAマーカーを用いた種の同定・定量法

1・1 DNAマーカーを用いる利点

DNAは，すべての生物における生命活動を司る遺伝情報が盛り込まれた設計図であり，その遺伝情報は，アデニン（A）・チミン（T）・グアニン（G）・シトシン（C）の4つの塩基の配列により受け継がれていく．この配列には，種，系統，および個体ごとによって異なる部位があり，例えば，「種を識別する」目印となる相違をもつ部位が，種特異的DNAマーカーとされる．

では，DNAマーカーを利用する利点は何か？　第1に，その基準の客観性があげられる．形質の差異が4種の塩基による配列の差異で表現されるため，「形態が丸い」といったあいまいな表現を含まず，客観的で統一された判断基準を設定することが可能である．第2に，同一クローンでない限り，比較する2つの生物間にDNAの塩基配列の違いは必ず存在するため，すべての生物を対象として目的に見合った分類基準を設定することができる．つまりDNAマーカーは，形態的特徴では同定が困難である有毒プランクトンにおいて極めて有効な分類情報なのである．有毒プランクトン以外にも，DNAマーカーは効果的に利用されており，身近な例としてトレイサビリティー（traceability：起源をたどる）における牛肉個体識別や魚介類の産地判別，商品管理におけるイネの品種識別などがある．

1・2 種同定に用いるDNAマーカーの探索

米国National Center for Biotechnology InformationのGenBank，欧州European Bioinfomatics InstituteのEMBL，および国立遺伝学研究所のDNA Data Bank of Japan（DDBJ）の3つの協力による国際塩基配列データベース（International Nucleotide Sequence Database，INSD）には，近年データベース化された様々な生物の塩基配列情報が蓄積され，web上で広く一般公開されている．この膨大なデータベースのなかで，DNAマーカーとして頻繁に利用されているのが，ribosomal RNA 遺伝子（rDNA）である．rDNAはすべての生物が有しており，塩基配列情報の量も多く，また，生物の進化系統をよく反映しているとされていることから，分子系統解析ならびにDNAマーカーの探索に，極めて有効な遺伝子である．

近年，有毒プランクトンにおいても，塩基配列情報の蓄積が進み，特に

rDNAの情報量は格段に増加した．増加した理由としては，1つは有毒プランクトンの近縁種のデータベースの蓄積により，塩基配列の決定および比較が行いやすくなったことがある．もう1つの理由としては，プランクトンからのDNA抽出・精製法や，少数細胞からの塩基配列決定法などの技術的進歩が考えられる．植物プランクトンは，細胞内に多糖を多く含むため，培養細胞や細菌のDNA抽出プロトコールでは純度の高いDNAを得ることができず，塩基配列決定に必要なポリメラーゼ連鎖反応（Polymerase chain reaction：PCR）が困難な場合が多い．しかしながら，近年の植物プランクトン用のDNA抽出法の確立に伴い[2]，多様な種の塩基配列決定が進んできている．また，これまで塩基配列の決定には大量培養により細胞を収集する必要があり，培養法が確立されていない種や，環境からパスツールピペットなどによりピックアップした種の塩基配列を決定することは困難であった．しかしながら，1細胞のみを直接PCRする方法や，1細胞からDNAを抽出する方法の確立が進み[3]，*Dinophysis* sp．など培養が困難な種のrDNA塩基配列が決定されている[4]．

筆者らは，これまで多くの有毒プランクトンのDNA塩基配列の決定および分子系統解析を行い，rDNAを中心にDNAマーカーとなる種特異的な塩基配列を見出した．そして，さらにこれらDNAマーカーを利用した簡便な種の同定法の開発を試みている．中でも，利便性が高くモニタリングへの応用が期待できるのが，rRNA標的Fluorescence *in situ* hybridization（FISH）法とリアルタイムPCR法である．

1・3　FISH法による同定

有毒プランクトンの同定において，FISH法は迅速性および簡便性に優れた手法である．また，高価な器具を使用せず，蛍光顕微鏡とインキュベータがあれば同定可能であることから，モニタリング現場への導入が比較的簡単な手法であると考えられる．FISH法を用いた種同定のメカニズムは，rRNA上の種特異的な塩基配列（DNAマーカー）に相補的な蛍光標識したオリゴヌクレオチドプローブを設計し，細胞内で標的rRNAと結合（hybridization）させて細胞全体を蛍光染色するというものである（図5・1）．筆者らが確立したFISH法を用いた場合，培養細胞なら30分，現場海水中の細胞でも1時間以内で蛍光顕微鏡を用いた同定が可能である[5－7]．図5・2A（口絵写真）には，実際の

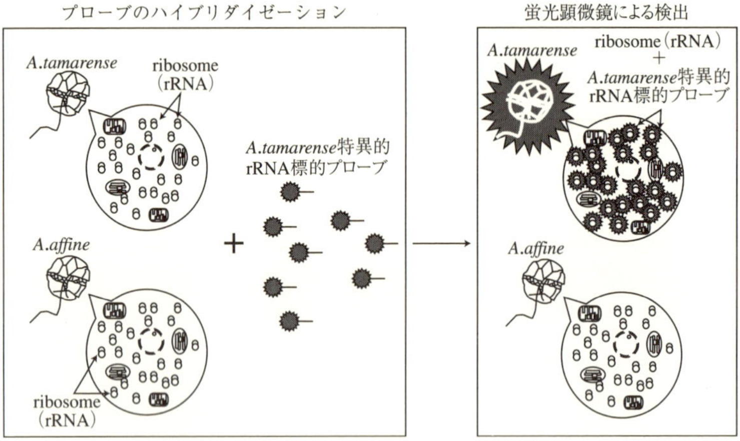

図5･1　有毒な*A. tamarense*と無毒な*A. affine*を*A. tamarense*特異的プローブを用いて検出するFISH法の原理.

現場海水から，*Alexandrium* sp. の同定を行った顕微鏡写真を示した．これは，2000年6月に山口県徳山湾で*Alexandrium* sp. が発生した時の海水を，*A. tamarense*特異的プローブ（図5･2A-a,-a'），*A. catenella*特異的プローブ（図5･2A-b,-b'）および*A. affine*特異的プローブ（図5･2A-c,-c'）を用いてFISH法に供した結果である．*Alexandrium* sp. と思われる細胞は，*A. catenella*特異的プローブでのみ明瞭に検出されており，蛍光の「有」「無」で客観的な種同定が可能となっている．また，これまではfluorescein 5-isothiocyanate（FITC：緑色）のみによるシングルカラーFISH法が主流であったが，近年筆者らは，*A. tamarense*をrhodamin（赤色：図5･2B-a'），*A. catenella*をFITC（図5･2B-b'）によって検出するマルチカラーFISH法を確立しており，2種の識別をさらに簡便，迅速に行うことにも成功している[7]．

1･4　リアルタイムPCRによる種同定と定量

さらにDNAマーカーを利用した種の同定および定量法として，有用性が高いものがリアルタイムPCR法である．PCRによって増幅される標的DNAは，PCR反応初期に指数関数的に増加する．この反応初期の増幅産物を蛍光検出した場合，ある一定の蛍光値（閾値）に達するサイクル数は初期DNA量に依存しており，初期DNA量の多いサンプルほど少ないサイクル数で閾値まで達する（図5･3A）．このようなPCR カイネティクスを利用して，初期DNA 量を即時に定量するのが定量的リアルタイム PCR である[8]．本手法は遺伝子の発現解析のために発展した手法であるが，近年，種特異的DNA マーカーを標的としたプライマーによる同定法の確立が進んだ手法である．実際の細胞の検出・定量においては，細胞数と閾値に達するサイクル数（Cycle threshold：Ct）との相関関係を求め（図5･3B），得られた検量線から未知サンプルを定量する．これまでに筆者らは，rDNA のlarge subunit rDNA 内のD1/D2 領域に *Alexnadium* 3 種を含む有害・有毒プランクトン6 属10 種（*A. tamarense*, *A. catenella*, *A. tamiyavanichii*, *Cochlodinium polykrikides*, *Karenia mikimotoi*, *Chattonella* spp.［*Chattonella antiqua*, *C. marina*, and *C. ovata*］, *Heterosigma akashiwo*, *Heterocapsa circularisquama*）の種特異的DNA マーカーを見出し，本領域を標的とした高感度リアルタイムPCR 法を確立した[9]．上記2. 3のFISH 法は，同定に至るまで細胞をそのままで（whole cell で）保持する必要があり，*Gymnodinium* sp. や *Chattonella* spp. のように細胞壁が脆弱で固定が困難な植物プランクトンに応用するには熟練した技術が必要とされる．一方，PCR 法では，細胞から抽出したDNA を元に同定・定量を行うため，細胞壁が脆弱な細胞にも応用ができる．そのため，日本海域で多発する有害・有毒プランクトンを網羅的に解析する手法の開発が可能となった．表5･1は現場海水から抽出したDNA を，確立したリアルタイムPCR 法に供した同

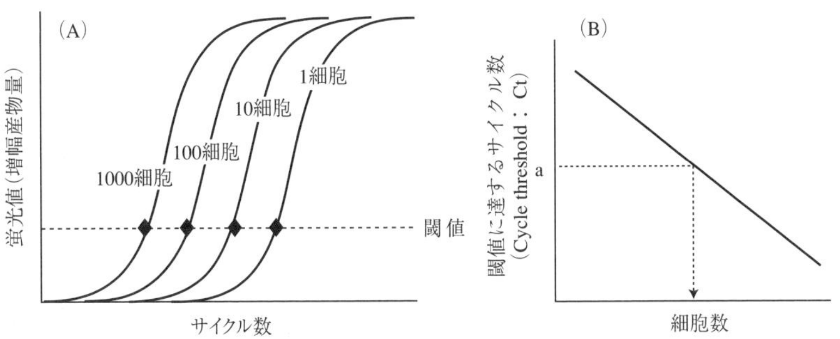

図5･3　段階希釈した細胞をリアルタイム PCR に供したときのカイネティクス（A）と，蛍光量（増幅産物）がある閾値に達するサイクル数（Cycle Threshold）と細胞数から得られる検量線（B）．未知サンプルaの細胞数は，この検量線を用いて定量できる．

表5·1　現場海水中における有害・有毒プランクトンの直接検鏡とリアルタイムPCR法による検出・定量結果

調査地点	採取日	直接検鏡（細胞数 / mL）/リアルタイムPCR（細胞数 / mL）						
		A. tamarense	*A. catenella*	*C. polykrikoides*	*H. circularisquama*	*K. mikimotoi*	*Chattonella* spp.	*H. akashiwo*
周防灘 S-11	04/9/22	N	N	-/+	-/-	-/-	27/25	-/-
周防灘 S-19	04/9/22	N	N	-/+	-/-	-/-	80/63	-/-
周防灘 高田港	05/6/16	N	N	-/-	-/-	395/233	-/0.6	18/83
周防灘 S-19	05/6/16	N	N	-/-	-/-	55/53	-/-	3/8
周防灘 高田港	05/6/15	N	N	-/-	-/-	60/56	-/-	-/-
播磨灘 K1	05/6/13	N	N	-/-	-/-	-/-	-/-	-/+
鹿児島湾 S-5	05/8/16	N	N	500/320	-/-	-/-	-/-	-/22
英虞湾 赤碕	05/7/19	N	N	-/-	992/1055	-/-	-/-	-/-
英虞湾 金床	05/7/19	N	N	-/-	207/340	-/-	-/-	-/-
呉港	99/4	0.3/0.3	-/-	N	N	N	N	N
徳山湾	00/5	-/-	129/97	N	N	N	N	N
杵築湾	01/4	0.04/0.02	-/-	N	N	N	N	N

＋，1 *l* 当たり数細胞
－；非検出
N；非調査

定・定量結果である．顕微鏡による計数値と，リアルタイムPCRの定量結果がほぼ同じであり，さらには検鏡では検出不可能であった種も定量的に検出することができた．このことからリアルタイムPCR法が，実際のモニタリング現場おいて高感度で正確な種の同定・定量が可能であることが明らかとなった．

また，本手法のさらなる利点として，シスト（休眠接合子）への応用が可能な点がある[2, 10]．有毒プランクトンの多くは，生活環の中に休眠期をもち，増殖に不適な環境下ではシストとなって海底泥中において休眠する．シストは発芽して栄養細胞となりしばしばブルームを形成するため，seed populationとして問題視されている．そのため，発生予察の面から，底泥中のシストの同定・定量を行うことは非常に重要である．しかし，シストの形態的特徴から検鏡により種の同定を行うことができないため，これまで詳細な種分布情報を得ることはできなかった．さらに，代謝活性が低いシスト内には標的となるrRNA量が少ないため，上記rRNA標的FISH法を用いた同定も蛍光強度の低さから困難であった．一方，筆者らの研究によって確立されたリアルタイム

PCR法は栄養細胞のみならずシストも高感度で検出・定量化が可能であり，モニタリングに対する貢献は極めて大きいと考えられる．

蛍光顕微鏡1つで同定できるFISH法とは違い，リアルタイムPCR機が少々高価であるが，数年前と比較してかなり安価なもの（200万円以下）も売り出されており，今後急速な実用化が期待できる手法である．

§2. 生活環特異的遺伝子をマーカーとした発生・消滅の予察法

有毒プランクトンのモニタリングにおいて，種同定の困難さのほかに，細胞数を検鏡計数するのみでは現場での有毒種の詳細な動態を予察できない問題がある．「二枚貝の出荷停止・開始」，「有毒プランクトンの発生していない海域への養殖筏の移動」などの措置を迅速に行うために，正確な予察は非常に重要である．この予察の一助となりうるのが，生活環（細胞ステージや生理状態）における時期特異的遺伝子マーカーの探索と，その遺伝子の発現解析である．すべて生物の動態は，遺伝子レベルでコントロールされている．そのため，有毒プランクトン細胞内の特定遺伝子発現の促進・抑制の「度合い」を見ることで，その細胞がどういった生理状態で存在しており，今後どういった動態を示すかが予察可能と思われる．筆者らは，*A. tamarense* および *A. catenella* の消滅期（＝シスト形成期），休眠期（＝シスト期），および発生期（＝発芽期）において，発現が抑制もしくは促進される遺伝子を網羅的に解析した[11]．その結果，おのおのの時期特異的に発現する遺伝子を多数得ることができた．そのうちの1つ，シスト形成期に発現が促進された遺伝子の塩基配列を決定した結果，酵母において胞子の形成・成熟に必要な遺伝子 *SPS19* と高い相同性を示した．リアルタイムPCRを用いた発現解析では，本遺伝子（*SPS19* ホモログ）の発現が接合誘導直後に増大し，その後徐々に減少することが明らかとなった（図5·4）．また，本遺伝子は，栄養細胞，接合誘導細胞および運動性接合子において発現が見られたが，シストにおける発現は検出されなかった．これらの結果から，現場海水中の *Alexandrium* における本遺伝子の発現量を定量することによりブルームの終息時期が予察できるものと考えられる．また，同様に発芽期特異的に得られた光合成関連遺伝子などの発現解析・定量により，最も重要なシストの発生時期の予察も期待される．

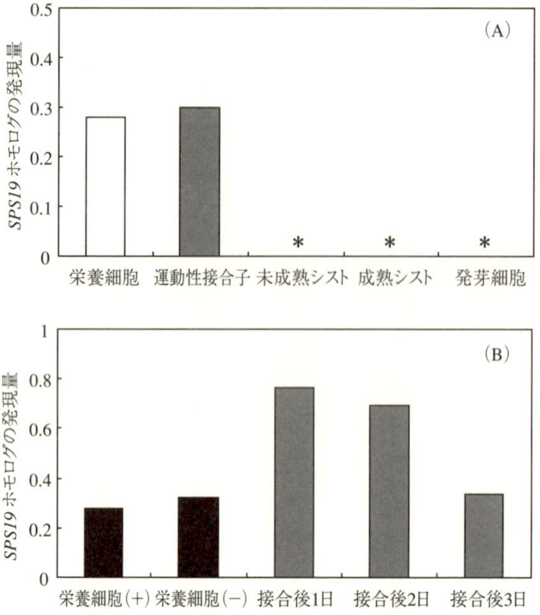

図5·4　リアルタイム PCR を用いた*A. tamarense* における*SPS19* ホモログの発現解析結果．縦軸はアクチン遺伝子に対する*SPS19* ホモログの発現量（*SPS19* ホモログ／アクチン遺伝子）を示す．ハウスキーピング遺伝子であるアクチン遺伝子の発現量をインナーコントロールとして，*SPS19* ホモログの塩基配列を基に設計したプライマーを用いて，リアルタイム PCR により定量を行った．（A）の＊は検出限界以下を示す．（B）の栄養細胞（＋）および（－）は交配型を示す．

DNA マーカーが，有毒プランクトンのモニタリングに貢献できることは非常に多い．未だ実用段階に至っていないが，上記の確立された手法が導入されれば，モニタリングの正確性や簡便性が高まることは明確である．特に，有用性が証明されている種同定のためのFISH 法およびリアルタイムPCR 法は，その導入が望まれる．また，「種特異的DNA マーカー」のみならず「生活環の時期特異的遺伝子マーカー」もマーカーとすることで，「どんな種が」「どれほどの細胞数で」「どのような生理状態で」「今後どういった動向を見せるか」といったモニタリングを随時行うことも実現可能であると考えられる．最終的には，養殖筏に自動採水器と蛍光検出装置を備え，これらのDNA マーカーによってリモートモニタリングシステムを構築し，さらなる現場モニタリングの簡便化を図ることも期待できる（図5･5）.

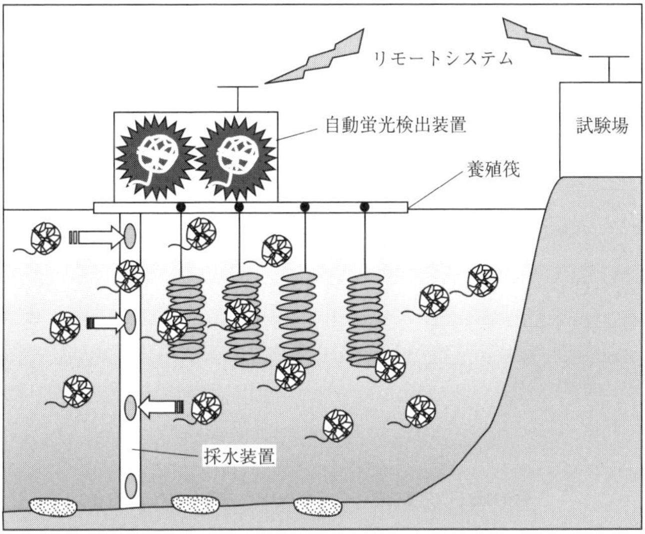

図5･5　DNAマーカーを用いたリモートモニタリングシステムの概略図.

文　献

1）吉田　誠・福代康夫：形態学的特徴から見た*Alexandrium*属の分類，日本プランクトン学会報，**47**，34-43（2000）.

2）R. Kamikawa, S. Hosoi-Tanabe, S. Nagai, S. Itakura, and Y. Sako : Development of a quantification assay for the cysts of the toxic dinoflagellate *Alexandrium tamarense* using real-time polymerase chain reaction, *Fish. Sci.* **71**, 987-991（2005）.

3）S. Hosoi-Tanabe, and Y. Sako: Species-specific detection and quantification of the toxic marine dinoflagellates *Alexandrium tamarense* and *A. catenella* by real-time PCR assay, *Mar. Biotech.*, **7**, 506-514（2005）.

4）L. Guillou, E. Nezan, V. Cueff, Denn E. Erard-Le, M. A. Erard-Le, M. A. Cambon-Bonavita, P. Gentien, and G. Barbier : Genetic diversity and molecular detection of three toxic dinoflagellate genera（*Alexandrium*, *Dinophysis*, and *Karenia*）from French coasts, *Protist*, **153**, 223-38（2002）.

5）Y.Sako, S.Hosoi-Tanabe, and A.Uchida: Development of fluorescence *in situ* hybridization（FISH）method using rRNA-targeted probes for simple and rapid detection of the toxic dinoflagellates *Alexandrium tamarense* and *A.*

catenella, J. Phycol., 40, 598-605 (2004).

6) S. Hosoi-Tanabe, and Y. Sako: Rapid detection of natural cells of *Alexandrium tamarense* and *A. catenella* (Dinophyceae) by fluorescence in situ hybridization, *Harmful Algae* 4, 319-328 (2005).

7) S. Hosoi-Tanabe, and Y. Sako: Development and application of fluorescence in situ hybridization (FISH) method for simple and rapid identification of the toxic dinoflagellates *Alexandrium tamarense* and *Alexandrium catenella* in culture and natural seawater, *Fish. Sci.* 72, 1200-1208 (2005).

8) 神川龍馬・田辺（細井）祥子・左子芳彦：有害・有毒微細藻の分子モニタリング法の開発, *Brain Techno News*, 117, 28-31 (2006).

9) R. Kamikawa, J. Asai, T. Miyahara, K. Murata, K. Oyama, S. Yoshimatsu, T. Yoshida, Y. Sako : Application of a real-time PCR assay to comprehensive method for monitoring harmful algae, *Microbes Environ.*, 21, 163-173 (2006).

10) R. Kamikawa, S. Nagai, S. Hosoi-Tanabe, S. Itakura, M. Yamaguchi, Y. Uchida, T. Baba, Y. Sako : Application of real-time PCR assay for detection and quantification of *Alexandrium tamarense* and *Alexandrium catenella* cysts from marine sediments, Harmful Algae. (in press).

11) S. Hosoi-Tanabe, S. Tomishima, S. Nagai, and Y. Sako: Identification of a gene induced in conjugation-promoted cells of toxic marine dinoflagellate *Alexandrium tamarense* and *Alexandrium catenella* using differential display analysis, *FEMS Microbiol. Lett.*, 25, 1161-168 (2005).

6. 有毒プランクトンの毒遺伝子による検出と定量の試み

吉田天士*・広石伸互*

有毒プランクトンの毒素合成遺伝子の解析は，赤潮藻類では皆無であるのが現状であるが，藍藻において大きく進行している．ここでは，主として有毒藍藻における知見を紹介し，赤潮藻類における解析の参考となることを期待する．有毒藍藻の世界各地の富栄養化した湖沼では，夏になるとアオコと呼ばれる藍藻類の大量発生が頻発している．その構成種として代表的な*Microcystis aeruginosa*の中には，ミクロシスチンという肝臓毒でかつ発癌プローモーター活性を有する環状ペプチド毒素を生産する細胞が存在することから水源の毒化を引き起こす[1]．1996年，ブラジルのカルアルでは，水源での本毒素の混入が原因で，50人以上もの透析患者が死亡するという事件が発生している[2]．こうしたことから，世界保健機関（WHO）では，本毒の飲料水質ガイドライン値を1 μg / l以下とすることを採択している[3]．また，魚介類へ本毒が蓄積するとの報告もなされ[3]，水源管理だけでなく水産業への影響も懸念されている．したがって，水域での有毒*M. aeruginosa*のブルーム発生予察やその消長に関わるメカニズムを明らかにするためにも，そのモニタリングは極めて重要である．今回は，ミクロシスチン合成酵素遺伝子を標的とする定量的PCR（polymerase chain reaction，ポリメラーゼ連鎖反応）法を用いた有毒*M. aeruginosa*細胞の定量的検出法についての概要を解説するとともに，現場でのモニタリングで得た知見について述べる．また，最後に藍藻におけるサキシトキシン合成系の研究の現状についても紹介したい．

§1. 毒遺伝子による有毒藍藻の定量

*Microcystis*属藍藻は多数の球形細胞が集合し，粘質物で覆われた群体を形成し（図6·1），この群体形状に基づいて，いくつかの形態種に分類されてきた[4, 5]．しかしながら，いずれの形態種においても無毒株と有毒株が混在し，有

* 福井県立大学生物資源学部

毒株を形態学的に識別することは不可能であった[4, 6－8]．さらに，形態種間でのDNA-DNAハイブリダイゼーション試験では，70％以上の相同性を有しており，バクテリアの分類基準からすると，これまで形態学的に別種とされる本属の種は*M. aeruginosa*として単一種にまとめることが妥当であることが示された[4, 9, 10]．こうした中，白井らによってミクロシスチン生合成系酵素遺伝子（microcystin synthetase gene；*mcy*）が明らかにされ[11－13]，*mcy*を指標とした定量的PCRを行うことで有毒細胞を定量的に検出することが可能となった[6, 14, 15]．なお，ミクロシスチン生合成酵素遺伝子については，他書[11]に詳述されているので参照されたい．

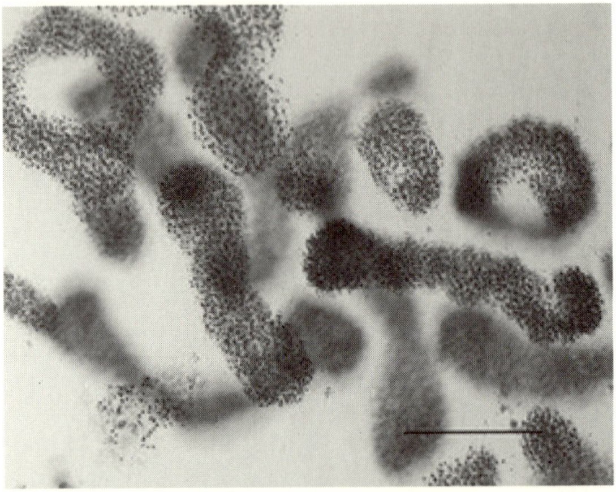

図6·1　*Microcystis aeruginosa*の顕微鏡写真．スケール＝200 μm

定量性を有するPCR法として，リアルタイムPCR法と競合PCR法が開発された．リアルタイムPCR法は，各サイクルにおけるPCR産物量をモニターして，指数増加している増幅産物量から初期鋳型量を定量する方法である．競合PCRとは，標的DNAと各希釈系列の標的DNAと共通のプライマー配列を有する人工的DNA断片（競合DNA）と混合したものを鋳型としてPCRを行い，プライマーの奪い合いによって競合させる手法である[16]．比較的多くの試料の取り扱いを考慮し，筆者らは現在，処理効率が高いリアルタイムPCR法による有毒藍藻のモニタリングを行っている．一方，競合PCRでは，1つのサンプルにつき最低でも5回程度のPCR反応をこなす必要があるため，リアルタイム

PCRに較べ労力を要するが，通常のPCR装置が使え，安価に行えるという利点がある．ここでは，競合PCR法を用いた，有毒*M. aeruginosa*の定量化について紹介する．

本属藻類を始めとする植物プランクトンなどを多く含むサンプルからDNAの抽出を行う際，多糖の混入により高純度のDNA画分を得ることがしばしば困難となる．そこで筆者らは，キサントゲン酸を用いた抽出法[17]を採用し，良好な結果を得ている[18]．原理としては，SDS存在下で多糖がキサントゲン酸との複合体を形成して不溶化し，多糖を沈殿除去することが可能となる．また，キサントゲン酸には金属イオンに対するキレート作用もあることから，PCR反応阻害の防止にも効果があるとされる[17]．

肝臓毒ミクロシスチンは，Adda（3-amino-9-methoxy-2,6,8-trimethyl-10-phenyldeca-4,6-dienoic acid）-D-Glu-Mdha（N-methyldehydroalanine）-D-Ala-X-D-β-MeAsp（β-methylaspartic acid）-Yというアミノ酸配列を有する，7員環のペプチド化合物である．また，X，YはL-アミノ酸であり，このアミノ酸の組合せの違いなどにより約50種類が同定されている[3]．この中で，アミノ酸Mdha（N-methyldehydroalanine）は基本骨格となっていることから，

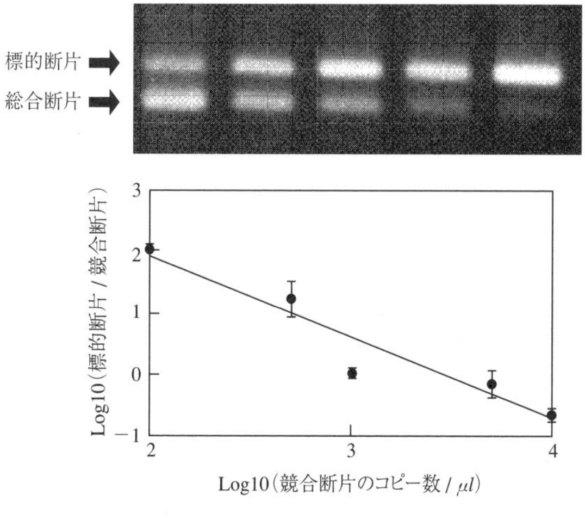

図6·2　10^3細胞の*Micorcystis aeruginosa*NIES298株に対して競合PCRを行ったときの，電気泳動の様子（上）とそのバンド強度比に基づく回帰直線（下）．

このアミノ酸の活性化領域と考えられているM1をターゲットとして有毒*M. aeruginosa*に特異的なプライマーM1F3-M1R3を開発した[18]．また，M1F3とM1R3で増幅される断片749bpと5’末端は共通で，3’末端側が200bp短い断片を増幅した後，M1R3配列を3’末端に導入することによって，競合DNA断片を作成した．10^3細胞の*M. aeruginosa*からキサントゲン酸-SDS法を用いてDNAを調整し，競合PCRを行った結果を示す（図6·2）．本法において，DNA抽出時の試料中に10^3から10^6細胞存在すれば定量可能であった[18]．キサントゲン酸を用いた核酸抽出法と競合PCR法を組み合わせ，福井県三方湖より採取した試水について有毒細胞密度を測定したところ，ELISA法により測定されたミクロシスチン濃度との間に正の相関関係（$r^2 = 0.98$）が認められた．これらのことから，本法が環境における有毒*M. aeruginosa*細胞の定量的検出に極めて有効であることを示した[19]．

§2．有毒藍藻の動態・個体群解析

有毒*M. aeruginosa*細胞の動態を明らかにするため，福井県三方湖において2003年4月から2004年1月にかけてサンプリングを行った[19]．2003年8～10月にかけてアオコが発生し，光学顕微鏡下における形態観察から，*M. aeruginosa*が主要構成種であった．直顕計数による*Microcystis*細胞密度は，10^3～10^5 cells / m*l*であった（図6·3）．試水から抽出したゲノムDNAを鋳型として，競合PCRを行った結果，8月4日，8月19日および10月7日の試水から有毒細胞が検出され，その細胞密度は1.3×10^3～1.0×10^5 cells / m*l*であり，直接計数による全*M. aeruginosa*細胞に対する有毒細胞の数の比はそれぞれ0.01，0.37および2.37であった（図6·3）．一方，9月10日と9月26日では検出限界以下であった．また，有毒細胞が検出された3サンプルにおいて，ELISA測定によりミクロシスチンの存在が認められ，毒量と有毒細胞数との間に正の相関が認められた（$R^2 = 0.87$，$P < 0.05$）．

8月19日，9月10日および10月7日の試水から抽出したDNAを鋳型として，16S rDNAクローンライブラリー法により*M. aeruginosa*の群集構造解析を行った（図6·4）．その結果，得られた各クローン間において，99％以上の相同性を示したものの，16S rDNA塩基配列前半領域内に6塩基の変異部位が

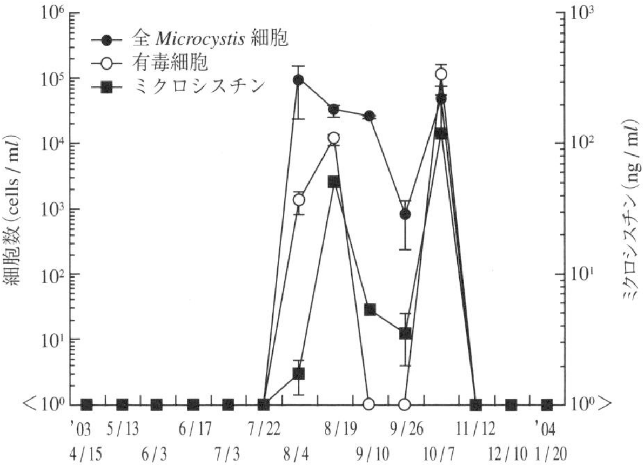

図6·3　2003年三方湖における*Microcystis* 細胞数，有毒細胞数およびミクロスチン量の季節変動.

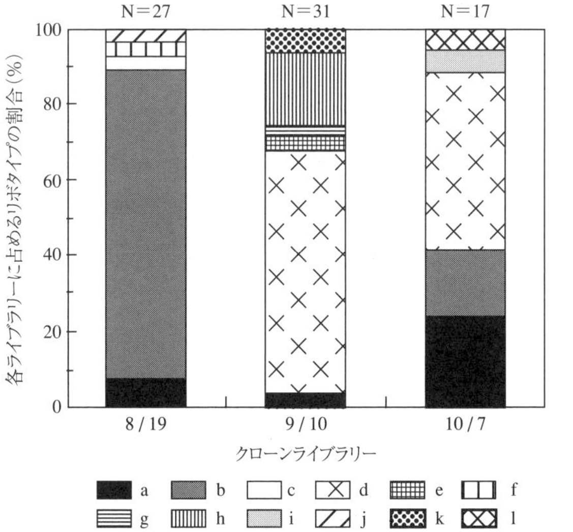

図6·4　2003年8月19日，9月10日および10月7日における*Microcystis* 群集のリボタイプ組成の変化. Nは解析した16S rDNAクローンの数を示す.

存在した．そこで，この6塩基に基づいて遺伝子タイピングを試みたところ，a～lの計12タイプの異なるリボタイプが認められた．8月には，リボタイプaとbが優占していた．9月になると，これらのリボタイプが消滅し，代わりにdとhが主要な構成員となった．10月では，再びa，bおよびdが優占していた．

サンプリング期間を通して分離した計61株の*Microcystis*株について，リボタイプを明らかにし，さらにHPLC法，ELISA法および*mcy*を標的としたPCR法によりミクロシスチン産生の有無を調べた（表6·1）．分離株の毒性の有無について，3つの手法によって決定した結果は完全に一致しており，有毒株は12株であった．分離株のリボタイプは，計11タイプ（a，b，d，f，h，iおよびm-q）認められ，有毒株と無毒株のリボタイプはそれぞれ6タイプ（b，f，i，m，nおよびp）と5タイプ（a，b，d，f，h，mおよびo-q）に分けられた．これらのリボタイプのうち，例えばaのように，27株全て無毒株で構成されているタイプが存在したが，b，f，mおよびpのように，有毒株と無毒株の両方を含むタイプも認められた．結果として，b，f，i，m，nおよびpを少なくとも有毒株を1株含むリボタイプとして，また，a，d，h，oおよびqを無毒株からなるリボタイプとした．

次に，分離株の毒性の有無とリボタイプの関係（表6·1）に基づいて，現場の有毒個体群と無毒個体群を同定した（図6·4）．その結果，c，e，gおよびj～lについては分離株が得られなかったため毒性を判定することはできなかったが，b，fおよびiは少なくとも有毒株を1株含むリボタイプ，また，a，dおよびhは無毒株で構成されるリボタイプと特定することができた．8月19日において，リボタイプbとfは16S rDNAクローン全体の85％を占め，10月7日にはbとiが24％を占めていた．一方，9月10日では，有毒株を含むリボタイプは認められなかった．

以上の結果から，サンプリング期間を通して，*M. aeruginosa*の有毒細胞が一時的に大きく減少する現象が認められた（図6·3）[19]．また，*M. aeruginosa*によるアオコは，多様性に富んだヘテロな集団で構成されており，かつその群集組成はダイナミックに変化していることが明らかになった（図6·3）[19]．さらに，16S rDNAクローンライブラリー法を用いて同定した有毒個体群の存在の有無（図6·4，表6·1）は，競合PCRにより定量された有毒細胞の有無と一

表6･1　三方湖から分離した*M. aeruginosa*の毒性とリボタイプ

株（MMY）：	ミクロシスチン産生[a]		*mcyA*[b]	リボタイプ[c]
	HPLC	ELISA		
2	＋	＋	＋	**m**
5, 14, 30	＋	＋	＋	**f**
8	−	−	−	**m**
9, 10, 12, 13, 24, 27, 31-34, 38-41, 43, 45, 47-50, 53-56, 58, 60, 75	−	−	−	a
11, 51	−	−	−	o
16, 18, 20, 26, 29	−	−	−	**f**
21	＋	＋	＋	**b**
22, 42	−	−	−	h
25, 28, 59	−	−	−	**b**
52, 61, 66, 68, 73	＋	＋	＋	**i**
57, 63, 70	−	−	−	d
62	＋	＋	＋	**p**
64	−	−	−	**p**
65	＋	＋	＋	**n**
67, 69, 71, 72, 74	−	−	−	q

a　ミクロシスチンの産生（＋）および非産生（−）をHPLCおよびELISA法により決定した．

b　ミクロシスチン生合成酵素遺伝子（*mcyA*）を標的とするPCRにおいて，＋は増幅産物が得られたこと，−は得られなかったことを示す．

c　リボタイプa, b, d, f, hおよびiは，現場試料に対するクローン解析においても認められた（図6･4）．太字は，少なくとも1株の有毒株を含んでいたリボタイプであることを示す．

致していたことから，有毒細胞が一時的に大きく減少する現象が有毒株を含む個体群と無毒の株からなる個体群の変動によってもたらされると考えられた[19)]．以上の結果は，有毒*M. aeruginosa*が全*M. aeruginosa*の中に一定の割合で存在しているのではなく，有毒細胞のみが特異的に変動している可能性を示している．これらの結果は，多様な*M. aeruginosa*の個体群が環境中の物理化学的条件に対してそれぞれ異なる増殖生理を有している可能性，あるいは特定の個体群を消滅させる特異的な因子が存在する可能性が考えられる[19)]．その特異的因子の1つとして，筆者らは有毒*M. aeruginosa*株に特異的に感染し，溶藻に至らしめるシアノファージの分離に世界で初めて成功している[20)]．今後，こうしたファージと個体群変動との相互関係についても詳細に検討していくことが必要である．

§3. 藍藻における毒生合成に関する研究の現状

ミクロシスチン生合成系遺伝子が解明されたことを初発として，環境における有毒*M. aeruginosa*の動態を調査することが可能となり，上述した通り，これまでのアオコ現象の捉え方が大きく変化した．このように毒遺伝子の解明による関連分野への波及効果は大きい．現在，ミクロシスチンを含むペプチド性毒素の合成系遺伝子の解明が進んだことで，麻痺性貝毒を含む非ペプチド性毒の合成系が次のターゲットとなりつつある．シリンドロスパーモプシンはグアニジウム基を有するアルカロイドで，オーストラリアにおいて，本毒の水道水への混入による突発性肝炎を引き起こした[1]．本毒は*Cylindrospermopsis raciborskii*，*Aphanizomenon*属および*Umezakia*属の種から検出されている[1]．シリンドロスパーモプシン産生藍藻株より炭素鎖の伸張に関わるポリケチド合成酵素遺伝子を検索したところ，これと隣接してアルギニンのアミジノ基（－C（＝NH）NH_2）を他のアミノ酸に転移するアミジノ基転移酵素に相同な遺伝子が見出された[21]．シリンドロスパーモプシンの生合成には，グリシンへのアミジノ基転移反応が関与されていると推察されることから[21]，本遺伝子領域がシリンドロスパーモプシンの生合成遺伝子群ではないかと注目されている．

*Aphanizomenon flos-aqua*におけるサキシトキシンの標識パターンから，サキシトキシンが3分子のアルギニンと1分子の酢酸から生合成されることが明らかとなって以来[22]，主要な麻痺性貝毒原因生物である渦鞭毛藻*Alexandrium*属の種や*Gymnodinium catenatum*を用いて，サキシトキシン合成系遺伝子の探索が試みられてきた．*A. fundyense*の同調培養を用いた毒合成期に転写される遺伝子の解析[23]および*A. tamarense*におけるEST解析[24]がなされている．また，筆者らは麻痺性貝毒に特異的な硫酸基転移酵素を*Gymnodinium catenatum*から見出した[25, 26]．しかしながら，渦鞭毛藻におけるサキシトキシン合成酵素あるいはその遺伝子の特定にはいまだ至っていないのが現状である．一方，オーストラリアのグループを中心に，*Anabaena*属藍藻のサキシトキシン産生株と無毒株間のゲノム比較から藍藻におけるサキシトキシン合成系遺伝子の探索が精力的に進められている[27, 28]．藍藻のゲノムサイズは渦鞭毛藻に比べ非常に小さく（藍藻；1.75～6.4 Mb，*A. tamarense*；200,000 Mb[24]），

今日のゲノム解析技術では，極めて短期間での全ゲノム解析が可能であり，有毒・無毒株間の全ゲノム比較が現実的な手法となっている．さらに，藍藻における遺伝子破壊技術がすでに開発されており，ゲノム解析により特定した毒合成遺伝子の機能解析を行うことで，近い将来，藍藻からサキシトキシン合成系遺伝子が特定されるものと思われる．

国内の水産学という見地からは藍藻はなじみが薄いが，こうした情報が貝毒研究にも即時に還流できるよう，国内における赤潮研究とアオコ研究との交流を盛んにする必要性を感じている．

文　献

1）佐野友春：世界における有毒アオコの動向と日本への侵入の危険性．有毒アオコの分子生態学－ミクロシスチンを中心に－．月刊海洋，37，344-350（2005）．

2）S. Pouria, A. D. Andrade, J. Barbosa, R. L. Cavalcanti, V.T.S. Barreto, C.J. Ward, W. Preiser, G. K. Poon, G. H. Neild, and G. A. Codd: Fatal microcystin intoxication in haemodialysis unit in Caruaru, Brazil, *Lancet*, 352, 21-26（1998）．

3）浪越通夫：古くて新しいアオコ毒素マイクロシスチン類．化学と生物，39，313-321（2001）．

4）大塚重人：アオコをつくるシアノバクテリアの分類の問題点－分子分類の観点から－．有毒アオコの分子生態学－ミクロシスチンを中心に－．月刊海洋，37，375-385（2005）．

5）J. Komárek: A review of water-bloom forming *Microcystis* species, with regard to population from Japan, *Arch. Hydrobiol. Suppl.*, 92（Algol. Stud. 64），115-127（1991）．

6）吉田天士，吉田光宏，広石伸互：ミクロシスチン生合成遺伝子による有毒ミクロキスチスの検出．有毒アオコの分子生態学－ミクロシスチンを中心に－．月刊海洋，37，319-324（2005）．

7）M. F. Watanabe, M. Watanabe, T. Kato, K-I. Harada, and M. Suzuki: Hepatopeptide toxin production during the batch culture of two *Microcystis* species（Cyanobacteria），*J. Appl. Phycol.*, 1, 161-165（1989）．

8）M. Namikoshi, K. L. Rinehart, R. Sakai, R. R. Stotts, A. M. Dahlem, V. R. Beasley, W. W. Carmichael, and W. R. Evans: Identification of 12 hepatotoxins from Homer Lake bloom of cyanobacteria *Microcystis* aeruginosa, *Microcystis viridis*, and *Microcystis wesenbergii*: nine new microcystins, *J. Org. Chem.*, 57, 866-872（1992）．

9）R. Kondo, T. Yoshida, Y. Yuki, and S. Hiroishi: DNA-DNA reassociation among a bloom-forming cyanobacterial genus, *Microcystis, Int. J. Syst. Evol. Microbiol.* 50, 767-770（2000）．

10）S. Otsuka, S. Suda, S. Shibata, H. Oyaizu, S. Matsumoto, and M. M. Watanabe: A proposal for the unification of five species of the cyanobacterial genus *Microcystis* K ützing ex Lemmermann 1907 under the result of the bacteriological code, *Int. J. Syst. Evol. Microbiol.* 51, 873-879（2001）．

11）白井　誠，西澤明人：ミクロシスチン生合成遺伝子の解析．有毒アオコの分子生態学－ミクロシスチンを中心に－．月刊海洋，37，312-318（2005）．

12）T. Nishizawa, M. Asayama, K. Fujii, K-I. Harada, and M. Shirai: Genetic analysis of the peptide synthetase genes for a cyclic heptapeptide microcystin in *Microcystis* spp, *J. Biochem.*, 126, 520-529（1999）．

13）T. Nishizawa, A. Ueda, M. Asayama, K. Fujii, K-I. Harada, K. Ochi, and M. Shirai: Polyketide synthetase gene coupled to the peptide synthetase module involved in the biosynthesis of the cyclic hepatopeptide microcystin, *J. Biochem.*, 127, 779-789（2000）．

14）D. Tillett, D. L. Parker, and B. A. Neilan: Detection of toxigenicity by a probe for the microcystin synthetase A gene（*mcyA*）of the cyanobacterial genus *Microcystis*: Comparison of toxities with 16S rRNA and phycocyanin operon（phycocyanin intergenic spacer） phylogenies, *Appl. Environ. Microbiol.*, 67, 2810-2818（2001）．

15）M. Hisbergues, G. Christiansen, L. Rouhiainen, K. Sivonen, and T. Börner: PCR-based identification of microcystin-producing genotypes of different cyanobacterial genera, *Arch. Microbiol.*, 180, 402-410（2003）．

16）G. Gilliland, S. Perrin, K. Blanchard, and H. F. Bunn: Analysis of cytokine mRNA and DNA: Detection and quantification by competitive polymerase chain reaction, *Proc. Natl. Acad. Sci. USA.*, 87, 2725-2729（1990）．

17）D. Tillett, and B.A. Neilan: Xanthogenate nucleic acid isolation from cultured and environmental cyanobacteria, *J. Phycol.*, 36, 251-258（2000）．

18）T. Yoshida, Y. Yuki, S. Lei, H. Chinen, M. Yoshida, R. Kondo, and S. Hiroishi: Quantitative detection of toxic strains of the cyanobacterial genus *Microcystis* by competitive PCR, *Microbes Environ.*, 18, 16-23（2003）．

19）M. Yoshida, T. Yoshida, Y. Takashima, R. Kondo, and S. Hiroishi: Genetic diversity of the toxic cyanobacterium *Microcystis* in Lake Mikata, *Environ. Toxicol.*, 20, 229-234（2005）．

20）T. Yoshida, Y. Takashima, Y. Tomaru, Y. Shirai, Y. Takao, S. Hiroishi, and K. Nagasaki: Isolation and characterization of a cyanophage Infecting the Toxic Cyanobacterium *Microcystis aeruginosa, Appl. Environ. Microbiol.*, 79, 1239-1247（2006）．

21）G. Shalev-Alon, A. Sukenik, O. Livnah, R. Schwarz, A. Kaplan: A novel gene encoding amidinotransferase in the cylindrospermopsin producing cyanobacterium *Aphanizomenon ovalisporum, FEMS Microbiol. Lett.*, 209, 87-91（2002）．

22）Y. Shimizu: Microalgal metabolite, *Chem. Rev.*, 93, 1685-1698（1993）．

23）G. Taroncher-Oldenburg, and D. M. Anderson: Identification and characterization of three differentially expressed genes, encoding S-adenosylhomocysteine hydrolase, methionine aminopeptidase and a histone-like protein, in the toxic dinoflagellate *Alexandrium fundyense, Appl. Environ. Microbiol.*, 66, 2105-2112（2000）．

24）J. D. Hackett, T. E. Scheetz, H. S. Yoon, M. B. Soares, M. F. Bonaldo, T. L. Casavant, and D. Bhattacharya: Insights into a dinoflagellate genome through expressed sequence tag analysis, *BMC Genomics*, 6, 80（2005）．

25) Y.Sako, T.Yoshida, A.Uchida, O. Arakawa, T. Noguchi, and Y. Ishida : Purification and characterization of a sulfotransferase specific to N21 of STX and GTX2+3 from the toxic dinoflagellate *Gymnodinium catenatum* (Dinopyceae), *J. Phycol.*, 37, 1044-1051 (2001).

26) T. Yoshida, Y. Sako, A. Uchida, T. Kakutani, O. Arakawa, T. Noguchi, and Y. Ishida: Purification and characterization of a sulfotransferase specific to O-22 of 11-hydroxy saxitoxin from the toxic dinoflagellate *Gymnodinium catenatum* (Dinophyceae), *Fish. Sci.*, 68, 634-642 (2002).

27) F. Pomati,B. P. Burns, and B. A. Neilan: Identification of an Na (+) -dependent transporter associated with saxitoxin-producing strains of the cyanobacterium *Anabaena circinalis, Appl Environ Microbiol.*, 70, 4711-4719 (2004).

28) F. Pomati and B. A. Neilan: PCR-based positive hybridization to detect genomic diversity associated with bacterial secondary metabolism. *Nucleic Acids Res.*, 32: e7 (2004).

7. 現場海域における*Alexandrium*属の個体群動態

板　倉　　茂*

わが国の沿岸海域において麻痺性貝毒の原因種となる主な*Alexandrium*属プランクトンとしては，*A. tamarense, A. catenella, A. tamiyavanichii*の3種が報告されている．なかでも，*A. tamarense*と*A. catenella*の2種は，ほぼ毎年のように規制値を超える貝類毒化を各地で引き起こし，水産業に大きな損害を与えている有害種である[1]．この2種は，形態学的・分子系統学的に非常に近縁な種であると考えられているが[2, 3]，生理・生態学的には大きく異なった特徴をもっている．筆者らはこれまで，両種のシストについて生理・生態学的特徴に関する研究を行ってきた．その結果，*A. tamarense*と*A. catenella*の出現動態の違いには，それぞれのシストがもつ休眠・発芽生理の違いが大きな影響を与えていることが明らかになった[4, 5]．本章では，わが国沿岸海域における有毒渦鞭毛藻*A. tamarense*と*A. catenella*の分布域および出現の季節変動と，それぞれのシストの生理生態学的特徴との関係について概説する．

§1．分布域

現時点までに筆者らが把握している情報をまとめると，日本の沿岸海域における*A. tamarense*の分布域（北限～南限）は，北海道宗谷岬周辺海域から九州八代海にかけての海域である．一方，*A. catenella*は，北海道噴火湾から沖縄県塩屋湾にかけての海域で確認されている（図7·1）．分布域から判断すると，*A. tamarense*は*A. catenella*と比較してやや低水温を好む特徴があるように思われる．しかしながら，両種ともにわが国沿岸域での出現範囲は広く，特に本州沿岸海域においては，どちらの種もブルームを形成するおそれがある．ただし，これまでに両種が同一海域で同時にブルームを形成する例は殆ど報告されていない．すなわち，同じ海域において両種がブルームを形成する場合には，その発生時期に違いが認められることが報告されている．このように，分

* (独) 水産総合研究センター　瀬戸内海区水産研究所

布域や発生時期に相違が認められる理由としては，まず，栄養細胞の増殖に及ぼす環境要因（特に水温）の影響の違いがあげられるが，後述するように，シストの休眠・発芽生理の違いも，このような相違に深く関与していると考えられる．

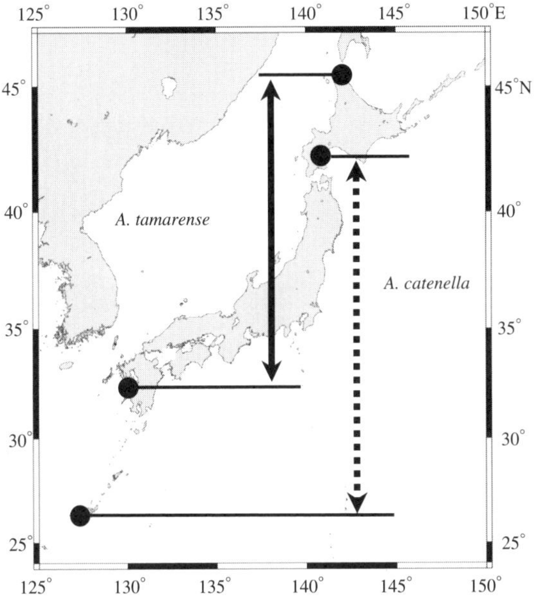

図7･1　日本沿岸における*A. tamarense*と*A. catenella*の分布域

§2．栄養細胞出現の季節変動

わが国の沿岸海域における両種の栄養細胞出現の季節変動については，大船渡湾（*A. tamarense*と*A. catenella*）[6]，広島湾（*A. tamarense*）[7]および田辺湾（*A. catenella*）[8]などにおいて，それぞれ詳細な調査結果が報告されている．以下に，それぞれの報告で記載されている栄養細胞出現の季節変化について要約する．

大船渡湾においては，低水温期（2～6月）に*A. tamarense*のブルームが発生し，高水温期（9～10月）には*A. catenella*のブルームが発生していた[6]．*A. tamarense*の栄養細胞が比較的高密度（約1,000 cells / *l*以上）で出現していた期間中，水温は10.0～13.5℃の範囲にあった．一方，*A. catenella*の栄養細胞が比較的高密度（約1,000 cells / *l*以上）で観察された期間の水温は22.0～24.5℃の範囲にあった．また，海底泥中のシスト密度は，海水中の栄養細胞発生推移とよく対応した量的変化を示していた．すなわち，海水中で栄養細胞が増殖した後にシスト量が増え，反対に栄養細胞が見られない時期にはシスト量が減少していた．

広島湾では低水温期（1～6月）に*A. tamarense*の栄養細胞が検出され，4～5月に比較的高密度（約10^3 cells / *l* 以上）で確認された[7]．栄養細胞が10^3 cells / *l*以上の密度で出現していた時期の水温は，12～17℃の間にあり，4月前後からは水温成層が形成され始めていた．この時期の無機栄養塩濃度は非常に低く，特にケイ酸塩濃度は約5 μM以下まで低下しており，年間の最低値を示していた．なお，広島湾の海底泥中には，10^3 cysts / cm^3以上の密度で*Alexandrium*属のシストが存在している海域があり，培養実験などの結果から，その殆どは*A. tamarense*のシストであると考えられた．

田辺湾における*A. catenella*のブルームは東部域の内ノ浦で顕著であった．田辺湾の水温は概ね13～29℃の範囲にあり，*A. catenella*の栄養細胞は，7，8月の高水温期を除いてほぼ周年確認された[8]．栄養細胞は，毎年3，4月から水温上昇に伴って増殖し始め，5月には10^4～10^6cells / *l*に達し，赤潮を形成する場合もあった．*A. catenella*栄養細胞が確認された時期の水温は，12～26℃の範囲にあり，栄養細胞が10^4 cells / *l*以上の密度で検出された時期の水温は16～22℃の範囲にあった．シストは，栄養細胞の出現密度が高い東部海域（内ノ浦）海底泥中で多く検出され，湾内におけるシストの水平分布は栄養細胞の水平分布と同様な傾向が認められた．

以上の報告に共通する特徴をまとめると，*A. tamarense*のブルームのピークが約15℃前後の水温条件下で観察されていることがわかる．一方，*A. catenella*のブルームは幅広い水温範囲で観察されているが，比較的高い水温（約22℃前後）で最高細胞密度に到達することが多いようである．一般的に西日本沿岸域において，*A. tamarense*のブルームは冬季～春季（低水温期）の一時期に発生するのに対して，*A. catenella*のブルームは，春季～秋季を中心に，冬季も含んだ広い期間において発生が確認されている．また，西日本海域に於いて*A.*

catenella が赤潮を形成する事例は，しばしば報告されているが，*A. tamarense* が赤潮を形成したという報告例は極めて稀である．

§3．シストの生理・生態学的特徴の違い

3･1　シストの休眠・発芽サイクル

図7･2に，一般的な植物プランクトン休眠期細胞の休眠・発芽サイクルの概念図を示した．海水中で増殖した栄養細胞は，外的・内的な環境変化をきっかけにして，休眠期の細胞（シスト，休眠胞子あるいは休眠細胞）を形成する．新たに形成された休眠期細胞は内因性休眠（endogenous dormancy）の状態にあり，そのままの状態では，発芽に好適な環境条件下に置かれても発芽はできない．発芽可能な状態になる（＝成熟する）には，ある一定の時間が必要とされ，その長さ（内因性休眠期間あるいは成熟に必要な期間）は，種によって異なると同時に，置かれた環境条件（特に水温）によっても変化すると考えられる．成熟した休眠期細胞は，発芽に好適な条件下で活発に発芽するが，特に，光・水温・溶存酸素の3つの環境条件が発芽の成否に大きな影響を及ぼしてい

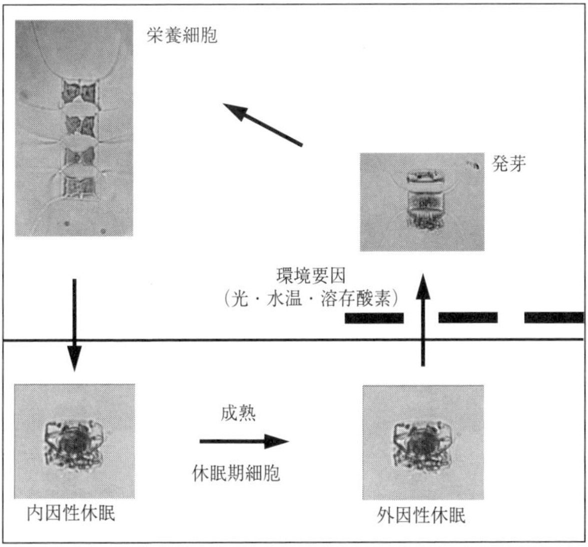

図7･2　植物プランクトン休眠期細胞の休眠・発芽サイクルの概念図

ると考えられている．これら3つの環境条件のうち1つでも発芽に不適な条件があると，たとえ成熟した休眠期細胞であっても発芽は抑制される．このような状態は，環境要因によって発芽が抑制された状態であり，外因性休眠（quiescence）と呼ばれる．

A. tamarense と *A. catenella* のシストの内因性休眠期間（成熟に必要な期間）を比較すると，*A. tamarense* のシストが数ヶ月～半年の内因性休眠期間を必要とするのに対して，*A. catenella* のシストの内因性休眠期間は約1週間以内と非常に短いことが明らかになった．このような内因性休眠期間の違いは，現場海域における栄養細胞出現の季節性にも大きな影響を与えると考えられる．

3･2　成熟したシストの環境に対する発芽応答の違い

前述のように，成熟したシストは発芽に好適な環境条件下で活発に発芽するが，特に，光・水温・溶存酸素の3つの環境条件がシストの発芽に大きな影響を及ぼすと考えられる．これまでの調査結果から，水温に対する *A. tamarense* シストと *A. catenella* シストの発芽応答には大きな違いがあることが明らかになっているが[5]，現時点で，両者のシスト発芽に対する光と溶存酸素の影響において，それほど顕著な相違は確認されていない．

瀬戸内海西部に位置する広島湾と徳山湾においては，春先から初夏にかけて *Alexandrium* 属プランクトンのブルームが発生し，二枚貝類の毒化が起こることがある．ただし，両湾における貝毒原因種はそれぞれ異なっている．広島湾では *A. tamarense* が優占種であり，海底泥中に存在する *Alexandrium* 属シストの殆どが *A. tamarense* のシストであることが明らかにされている．一方，徳山湾における貝毒原因種は *A. catenella* で，徳山湾海底泥中にある *Alexandrium* 属シストの大部分が *A. catenella* のものであることが確認されている[5]．図7･3に，広島湾で発生した *A. tamarense* 栄養細胞をもとに培養条件下で形成させた *A. tamarense* シストと徳山湾海底泥から分離された *Alexandrium* 属シスト（*A. catenella*）の発芽に与える培養水温の影響を示す．*A. tamarense* のシストは，比較的低い温度で培養した場合に高い発芽率を示し，最高の発芽率（90％以上）は12.5℃で培養した時に観察された．15℃以上の培養水温では発芽率が低下し，20℃以上では殆ど発芽が起こらないことがわかった．一方，*A. catenella* のシストは17.5℃で培養した場合に最高の発芽率を示し，20℃以下の培養水温で比較的活発に発芽可能である．両種のシストとも，いわゆる"temperature window"[4]と呼ばれる発芽適温域をもっているが，*A. catenella*シストのtemperature windowは，*A. tamarense*シストのtemperature windowが高水温側に約5℃シフトしたような特徴を有することが明らかになった[5]．このような水温に対する発芽応答の違いは，現場における各々の栄養細胞出現動態の違いをよく説明できると考えられる．すなわち，図7･3に示したように，*A. catenella*のシストのtemperature windowは*A. tamarense*シストよりも広い水温域をカバーしており，現場海域に於いて，より長期間，初期個体群となる細胞を水柱へ供給することが可能であると判断できる．このような水温に対する発芽応答の違いは，*A. tamarense*の栄養細胞が低水温期（概ね15℃以下）にのみ検出されるのに対して，*A. catenella*の栄養細胞が夏季の高水温期を除いた幅広い時期に検出される，という出現動態の違いをもたらす主要因になっていると考えられる．

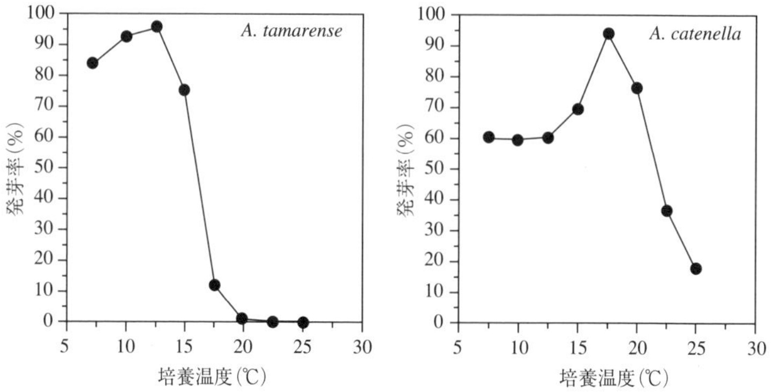

図7･3　広島湾で発生した*A. tamarense*栄養細胞をもとに培養条件下で形成させた*A. tamarense*シスト（左）と徳山湾海底泥から分離された*Alexandrium*属シスト（*A. catenella*；右）の発芽に与える培養水温の影響．

筆者らがシスト発芽に与える光強度の影響を調べた実験では，*A. tamarense*と*A. catenella*両方のシストにおいて，暗黒条件下でもシスト発芽が起こることが確認されている*[1]．ただし，光を照射した場合の発芽率は，暗黒条件下で

*[1] 板倉　茂・山口峰生：*Alexandrium tamarense*のシスト発芽に及ぼす光強度と照射時間の影響，平成13年度日本水産学会秋季大会講演要旨集，2001，p.145.

のシスト発芽率と比較すると高くなることが観察されており，非常に弱い光強度（約1 μM Photon / m^2 / 秒以下）でも10 μM Photon / m^2 / 秒以上の光を照射した場合とほぼ同様な高い発芽率が得られることも明らかになっている．以上のような光に対する発芽応答は*A. tamarense*と*A. catenella*両方のシストで特に大きな違いは認められない．ただし，暗黒条件下におけるシスト発芽において，次のような違いが観察されている．つまり，*A. tamarense*のシストでは，暗黒条件下におけるシスト発芽率は季節的に変化し，その変動には内因性の周年リズムが認められるのに対して，*A. catenella*のシストではそのようなリズムは認められない．このような違いがもつ生態学的な意義やメカニズムについては現在検討中である．

シスト発芽に与える溶存酸素の影響については，現時点では*A. catenella*のシストについてのみ検討を行っている．脱酸素剤を用いてシストを嫌気条件下で培養すると，*A. catenella*シストの発芽は起こらない．同様な結果は珪藻類の休眠期細胞について行った実験でも得られており，おそらく*A. tamarense*のシストも嫌気条件下では発芽できないものと考えている．内湾域では，夏季に底層水の貧酸素化が問題となることが多いが，そのような条件ではシスト発芽は抑制されるものと判断される．

光・水温・溶存酸素に対するシストの発芽応答は上述の通りであるが，それ以外に*A. tamarense*と*A. catenella*のシストで異なる点として，発芽に要する

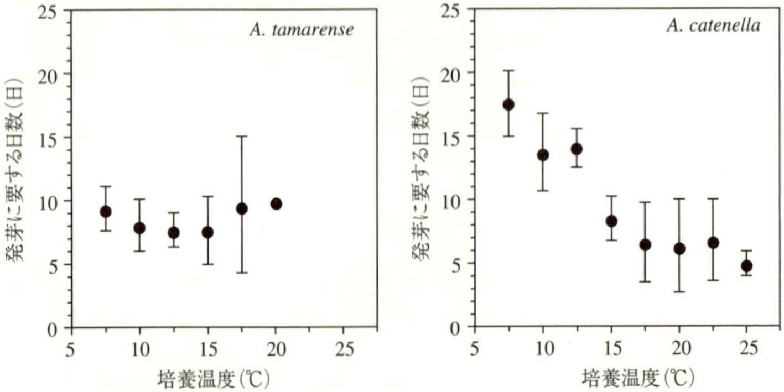

図7·4　*A. tamarense*（左）と*A. catenella*（右）のシストにおける，発芽に要する日数と培養水温との関係．

日数の違いがあげられる[5]．図7·4に*A. tamarense*と*A. catenella*のシストが発芽に要する日数と培養水温との関係を示した．*A. tamarense*のシストは，培養水温にかかわらず，培養開始後，約8～10日で発芽する．*A. catenella*のシストは，培養水温が高いほど発芽に要する日数が短くなる傾向を示し，発芽に最適な水温（17.5℃）では，培養開始後約5日で発芽する．両者を比較すると，15℃以上の水温においては*A. catenella*のシストが短期間で発芽するのに対して，15℃以下の水温では*A. tamarense*シストの方が短期間で発芽可能であることがわかる．

§4．シストの役割に関する考察

*A. tamarense*シストと*A. catenella*シストの生理・生態学的な相違をまとめると以下のようになる．*A. tamarense*のシストは，比較的長い（約半年間）内因性休眠期間を有する．内因性休眠が解除され成熟したシストは，水温12.5℃で最も高い発芽率を示し，約15℃以下の温度で活発に発芽可能である．一方，水温20℃以上では殆ど発芽が認められず，いわゆる“temperature window”と呼ばれる発芽適温域をもっている．発芽に好適な条件に置かれたシストは，約8～10日後に発芽する．また，本種の暗黒条件下におけるシスト発芽率の変動には内因性の周年リズムが認められている．一方，*A. catenella*の場合，シストの内因性休眠期間は非常に短く，シストが形成されてから約1週間以内には内因性休眠が解除され成熟する．本種のシストにおいても“temperature window”が認められるが，その温度域は*A. tamarense*の場合と比べると約5℃ほど高く，発芽に好適な条件に置かれたシストは約5日後に発芽する．また，本種の暗黒条件下におけるシスト発芽率には*A. tamarense*で観察されたような内因性の周年リズムは認められない．以上のようなシストの休眠・発芽生理の違いは，現場海域において両種の初期個体群が発生するタイミングに大きな影響を与えていると考えられる[9]．すなわち，*A. tamarense*はある限られた時期にブルームを形成する傾向が強くなるのに対して，*A. catenella*は比較的広い期間に繰り返しブルームを形成する傾向をもつと判断できる．ただし，各々のブルームの規模は，その時の各海域における環境の違いにより変化するものと推察される．

以上のように，*A. tamarense* と *A. catenella* のシストはそれぞれ異なった生理・生態学的特徴を有しており，その違いが現場における各栄養細胞個体群の動態に大きな影響を及ぼしていると考えられた．このような関係は，*Alexandrium* 以外の有害・有毒プランクトンにもあてはまると判断される．HAB（Harmful Algal Bloom）と呼ばれる有害・有毒プランクトンのブルームは，それぞれ種特異的・海域特異的な特徴を有しているので，各ブルームの発生機構を解明するためには，原因種の生活史および生理・生態学的特徴を把握すると同時に，発生海域の環境変動の特徴を明らかにしていくことが重要であると考えられる．

文　献

1）福代康夫：分類と分布，貝毒プランクトン（福代康夫編），恒星社厚生閣，1985，pp. 19-30.

2）C. A. Scholin : Morphological, genetic and biogeographic relationships of toxic dinoflagellates *Alexandrium tamarence, A. catenella* and *A. fundyense*, Physiological Ecology of Harmful Algal Blooms（ed. by D. M. Anderson, A. D. Cembella and G. M. Hallegraeff），Springer, 1998, pp.13-28.

3）S.Hosoi-Tanabe and Y.Sako: Genetic differentiation in the marine dinoflagellates *Alexandrium tamarense* and *Alexandrium catenella* based on DNA-DNA hybridization, *Plankton & Benthos Research*, 1, 138-146（2006）.

4）S. Itakura and M. Yamaguchi : Germination characteristics of naturally occurring cysts of *Alexandrium tamarense*（Dinophyceae）in Hiroshima Bay, Inland Sea of Japan, *Phycologia*, 40, 263-267（2001）.

5）S. Itakura and M. Yamaguchi: Morphological and physiological difference between *Alexandrium* cysts（Dinophyceae）sampled from the Seto Inland Sea, Japan-evidence for differences between cysts of *A. catenella* and *A. tamarense, Plankton Biol. Ecol*, 52, 85-91（2005）.

6）福代康夫：日本沿岸域における *Protogonyaulax* の分類と生態に関する研究，博士論文，東京大学，1982，220pp.

7）S. Itakura, M. Yamaguchi, M.Yoshida and Y. Fukuyo : The seasonal occurrence of *Alexandrium tamarense*（Dinophyceae）vegetative cells in Hiroshima Bay, Japan, *Fisheries Sci*, 68, 77-86（2002）

8）竹内照文：和歌山県田辺湾における赤潮渦鞭毛藻 *Alexandrium catenella* の生態に関する研究，和歌山県水産試験場特別研究報告，2，1994，88pp.

9）D. M. Anderson : Physiology and bloom dynamics of toxic *Alexandrium* species, with emphasis on life cycle transitions, Physiological Ecology of Harmful Algal Blooms（ed. by D. M. Anderson, A. D. Cembella and G. M. Hallegraeff），Springer, 1998, pp.29-48.

8. *Alexandrium* 属の個体群構造と分布拡大要因の解明

長　井　　敏*[1]

生物多様性を維持するため，わが国でも2005年6月1日に「特定外来生物による生態系等に係る被害の防止に関する法律」が施行され，外来種，移入種による被害や生態系の攪乱について積極的な取り組みが求められている．有害・有毒植物プランクトンなど海洋微生物においては，現在は「特定外来生物法」の対象外となっているが，世界各地で新奇の有害・有毒植物プランクトンが海産哺乳類の大量斃死や食用貝類の毒化現象を引き起こして，新たな社会問題となっている．

これら有害・有毒プランクトンのグローバル化については，船舶のバラスト水による原因種の移送が要因の1つとして推測されている．バラスト水に対する規制としては，国際海事機関（IMO）によって2004年2月に採択された「船舶のバラスト水及び沈殿物の規制及び管理のための国際条約」が暫定的に締結され，他国の管轄区域を航行する船舶は，バラスト水管理（バラスト水洋上交換またはバラスト水処理）を実施することを義務づけられる．近い将来，バラスト水対策が求められる状況の中，依然これらの有毒プランクトンの分布拡大は続いており，それらの伝搬ルート解明や蔓延阻止については必ずしも実効性を伴っていないのが実情である．この原因として，バラスト水中の有害・有毒プランクトンのモニタリング技術や，水産種苗の移植，木材や海砂の運搬などを介した国内外での移送について，実態を把握する手法やマニュアルが確立していないことが指摘されている．このような状況の中，有害・有毒プランクトンの個体群を識別する技術，移入・侵入種を判別する技術の開発が望まれてきた．

§1. 有害・有毒プランクトンの分布拡大

有害・有毒プランクトン，特に麻痺性貝毒原因種である *Alexandrium* 属は形態学的な差異が極めて少なく，顕微鏡観察に基づいた形態判別では種判別技術

*[1]（独）水産総合研究センター　瀬戸内海区水産研究所

に熟練が要求される．さらに，同一種内で異なる海域に分布する個体群間の類縁関係を明らかにし，新たな海域への移入などを解明する手法は，形態学的手法では達成不能である．この目的を達成するためには，高度多型分子マーカーを用いて各個体および個体群をタイピングするといった分子進化学・集団遺伝学的手法の導入が最も有効であると考えられるが，これまで有害・有毒プランクトンの個体群構造について遺伝子解析を行い，それらの情報に基づいた地域個体群の遺伝子流動（海域間移動）を証明した報告はほとんどない．

米国のScholinら[1)]は，核のリボソーマルRNA遺伝子（ribosomal RNA gene）を用いて，世界沿岸各地から分離した*Alexandrium*属の分子系統解析を行い，その結果，*A. tamarense / catenella / fundyense*は非常に近縁であり，分子レベルでは区別ができないことから，この3種をspecies-complexと名付けた[1)]．また，これらは5つの遺伝的に異なるリボタイプがあることを制限酵素断片長多型解析（PCR-RFLP：polymerase chain reaction-restriction fragment length polymorphism）により示した．日本の*A. tamarense*は，北米沿岸の個体群と塩基配列がほぼ一致すること，加えて，カナダのブリテッシュコロンビアに日本からカキが大量に移植され養殖が盛んであることから，日本からカキに付着して*A. tamarense*が運ばれたことを指摘した．さらに，日本の*A. catenella*はオーストラリアのものと塩基配列が一致することから，本種が日本からの大型タンカーのバラスト水に混じって運ばれ，オーストラリアで貝毒を発生させる原因になったと指摘し，彼らの示した概念図が有名な藻類の国際雑誌の表紙に掲載された[1)]．それ以来，日本が悪者扱いされてきた経緯がある．しかし，彼らのデータは，単に1遺伝子の配列情報が類似していることを示しただけにすぎず，科学的根拠に乏しく説得力に欠ける．筆者は，さらに科学的かつ客観的な方法で真実を明らかにしたいという考えのもと，rRNA遺伝子より高度の多型性を示し，かつ情報量の多い分子マーカーとして知られるマイクロサテライトマーカー（以下，MS：microsatellite marker）の開発に取り組んできた．DNAはG，A，T，Cの4つの塩基配列により遺伝情報を伝える巨大分子である．例えば人の細胞には，30億程度の塩基配列を含むDNAがある．この配列の中には多くの反復配列が含まれ，1塩基から6塩基までの長さのモチーフが連続して繰り返されている部分をマイクロサテライトと呼んでいる．このモチーフの反復数には高度の多型があり，近年，個体群生態学，集団遺伝学，人の病気の遺伝子診断などに大いに利用されるに至っている．

本稿においては，世界的に広範囲に分布を拡大している有毒種*A. tamarense*のMSの開発を行い，開発したMSを用いて日本および韓国沿岸各地に分布する本種個体群の遺伝的構造と遺伝子流動の程度を明らかにし，分布の拡大が海流・潮流などの自然現象によるのか，あるいはバラスト水など人為的な影響によるものかを解明することを目的とし，マイクロサテライト多型解析を行った．

§2．マイクロサテライト（MS）を用いた個体群構造解析

2・1　個体群内の遺伝的構造

マイクロサテライト領域の単離はLian & Hogetsuの方法に準じ[2)]，13個のMSの開発に成功した[3)]．13個のMSすべてで多型が認められ，その程度は4～15個（平均7.4，n＝20）であった．遺伝子多様度[4)]は0.632～0.974の範囲にあり，本MSは，本種個体群の遺伝的構造を十分に解明できるものと判断された．

日本沿岸9地点（北海道：オホーツク海，厚岸湾，噴火湾，本州：岩手県大

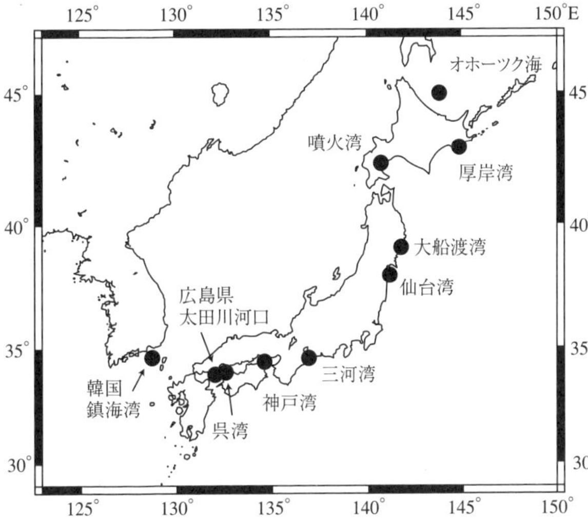

図8・1　サンプリング地点図（日本沿岸9地点，韓国1地点）

船渡湾，宮城県仙台湾，愛知県三河湾，兵庫県神戸港，広島県呉港・太田川河口域)，および韓国1地点（鎮海湾）から採集した海水および底泥サンプルから，各地点41～63株のクローン培養株を確立した（合計520株）（図8・1）．集藻後，株毎にDNAを抽出した．日本沿岸9地点（北海道：オホーツク海，厚岸湾，噴火湾，本州：岩手県大船渡湾，愛知県三河湾，兵庫県神戸港，広島県呉港・太田川河口域)，および韓国鎮海湾から採集した海水および底泥サンプルを用いてクローン培養株を確立した（各地点41～63株，合計520株）．集藻後，株ごとにDNAを抽出した．

確立したクローン培養株が*A. tamarense*かどうか分子生物学的に確認するため，株ごとに5.8S-rRNA遺伝子を含むITS領域（intergenic spacer region）および18S-rRNA遺伝子をPCR増幅し，そのRFLP[5, 6]パターンを解析した．5.8S-rDNAを含むITS領域のRFLPは，すべて典型的な*A. tamarense*のパターンを[6]示し，今回確立した520株すべてが*A. tamarense*であることを確認した．また，18S-rDNAのRFLPもすべてが同一パターンを示し，Scholin & Andersonが報告したB gene[5]をもつことが判明した．これまで韓国産の*A. tamarense*はA geneをもつと報告されているが，今回分離した株はすべてB geneをもっていた．したがって，今回解析した520株はすべてNorth American clade[1]に区分されることがわかった．

開発したMSのうち，良好なPCR増幅が見られた9個のMSを用いて各個体の遺伝子型を調べ，*A. tamarense*個体群内の遺伝的構造および個体群間での遺伝的分化の程度などを解析した．

各個体群において9個のプライマーペアを用いたPCR増幅が得られた株の割合は94.5～99.0％であり，いずれのプライマーペアも集団遺伝学的解析を行うために十分なPCR増幅が見られた．本種の栄養細胞の核相は単相であり，シークエンスゲル上のバンドはすべて明瞭な1本であった．また，すべての遺伝子座において多型が見られ，リピートの変異が確認された．各遺伝子座における対立遺伝子数は7～42（17.6±10.1，平均±標準偏差)，遺伝子多様度は0.55～0.95（0.77±0.11）の範囲にあった．対立遺伝指数，遺伝子多様度ともに遺伝子座*Atama42*で最大を示し，著しく高い多型性を示すマーカーであった．太田川とオホーツク海個体群の複数の個体について塩基配列を決定し比較して見ると，GTあるいはCTGTGTのモチーフの塩基がそれぞれ9～23，12～20の範囲の繰り返しが見られた（図8･2）．しかし，両個体群の間に明瞭な繰り返し数の差異は見いだせなかった．

遺伝子型については，噴火湾，仙台湾，三河湾，呉湾および太田川河口域の個体群内の株はすべて異なる型に類別されたが，オホーツク海，厚岸湾，神戸港および鎮海湾の個体群の株間では2，3の遺伝子型の重複が認められた．しかしながら，各個体群の遺伝子多様度には差が見られず，遺伝子多様度に及ぼすこの重複の影響はないものと判断された．いずれにせよ，本研究により，日本の各沿岸域に分布する*A. tamarense*が著しく高い遺伝的多様性を保持することを初めて明らかにした．近年になり，このような種内における高い遺伝的多様性は，*Emiliania huxleyi*[7]，*Symbiodinium* sp.[8]，*Pseudo-nitzschia pungens*[9, 10]，*Ditylum brightwellii*[11－13]，*Alexandrium catenella*[14]，*A. minutum*[15]，*Heterosigma akashiwo*[16]，*Cochlodinium polykrikoides*[17]，*Heterocapsa circularisquama*[18]でも報告されている．

マイクロサテライト領域のようなノンコードで単純なDNA反復配列の進化については，DNA複製時のスリップ（複製ミス）[19, 20]，減数分裂時の不等交差[21]や突然変異による塩基置換[22, 23]が主たる原因と言われている．

植物プランクトンの複数の種において，卵配偶や同形・異形配偶による雌雄異株（同株）接合が知られており，活発な有性生殖に伴う頻繁な遺伝子組み換えにより，遺伝的多様性が促進あるいは維持されてきたと考えられる．一方，*H. akashiwo*では有性生殖の報告がないものの，他種に比べ著しく高い分裂速度（2.0～5.0 divisions / 日）を示すことから[24]，主に無性的2分裂時におけるDNAの複製ミスにより多様性を維持している可能性が考えられる．

日本沿岸域における*A. tamarense*のブルームは主に春季に始まり，海底泥表層中で越冬していたシストから発芽してきた栄養細胞の増殖によって生じる．*A. tamarense*が水中に見られる期間は，年々の水温変動により異なるが，通常4ヶ月程度（3～8ヶ月間の出現）であり，明瞭な季節性を示し周年見られることはない（表8･1）．広島湾における*A. tamarense*の消長において，通常，水温が15℃を上回ると水中から見られなくなる[25]．*A. tamarense*の個体群において，異なる2つの接合型（＋型と－型）が接合することにより遊泳接

```
           Primer
         ____________
OHT01   1:CTCATGAGCATCGCTTCATTGGCACAACTGCCATGGAGATATGGAAGGCTTGACTTAGGTGGCTGTGTGTGTGTGTGTGTG------------------------------CBTOTGCGA  90
OHT02   1:CTCATGAGCATCGCTTCATTGGCACAACTGCCATGGAGATATGGAAGGCTTGACTTAGGTGGCTGTGTGTGTGTGTGTGTGTGTGTGTGTGTGTGTGTGTGTGTG------CGTGTGCGT 114
OHT04   1:CTCATGAGCATCGCTTCATTGGCACAAATGCCATGGAGATATGGAAGGCTTGACTTAGGTGGCTGTGTGTGTGTGTGTGTGTGTGTG------------------------CGTGTGCGT  96
OHT05   1:CTCATGAGCATCGCTTCATTGGCACAACTGCCATGGAGATATGGAAGGCTTGACTTAGGTGGCTGTGTGTGTGTGTGTGTG------------------------------CGTGTGCGT  90
OHT06   1:CTCATGAGCATCGCTTCATTGGCACAACTGCCATGGAGATATGGAAGGCTTGACTTAGGTGGCTGTGTGTGTGTGTGTGTGTGTGTGTGTGTGTGTGTGTGTGTGTGTGTGTGCGTGTGCGT 120
OHT10   1:CTCATGAGCATCGCTTCATTGGCACAAGTGCCATGGAGATATGGAAGGCTTGACTTAGGTGGCTGTGTGTGTGTGTGTGTG------------------------------CGTGTGCGT  90
OHT17   1:CTCATGAGCATCGCTTCATTGGCACAACTGCCATGGAGATATGGAAGGCTTGACTTAGGTGGCTGTGTGTGTGTGTGTGTGTGTGTG------------------------CGTGTGCGT  96
OHT27   1:CTCATGAGCATCGCTTCATTGGCACAACTGCCATGGAGATATGGAAGGCTTGACTTAGGTGGCTGTGTGTGTGTGTGTGTG------------------------------CGTGTGCGT  90
OHT36   1:CTCATGAGCATCGCTTCATTGGCACAACTGCGATGGAGATATGGAAGGCTTGACTTAGGTGGCTGTGTGTGTGTGTGTGTG------------------------------CGTGTGCGT  90
OKH02   1:CTCAAGAGCATCGCTTCATTGGCACAACTGCCATGGAGATATGGAAGGCTTGACTTAGGTGGCTGTGTGTGTGTGTGTGTGTGTGTGTGTGTGTGTGTGTGTGTGTGTGTGTGCGTGTGCGT 120
OKH03   1:CTCATGAGCATCGCTTCATTGGCACAACTGCCATGGAGATATGGAAGGCTTGACTTAGGTGGCTGTGTGTGTGTGTGTGTG------------------------------CGTGTGCGT  90
OKH05   1:CTCATGAGCATCGCTTCATTGGCACAACTGCCATGGAGATATGGAAGGCTTGACTTAGGTGGCTGTGTGTGTGTGTGTGTGTGTGTGTGTGTGTGTGTGTGTGTGTGTGTGTGCGTGTGCGT 120
OKH06   1:CTCATGAGCATCGCTTCATTGGCACAACTGCCATGGAGATATGGAAGGCTTGACTTAGGTGGCTGTGTGTGTGTGTGTGTGTGTGTGTGTGTGTGTGTGTGTGTG------CGTGTGCGT 114
OKH12   1:CTCATGAGCATCGCTTCATTGGCACAAATGCCATGGAGATATGGAAGGCTTGACTTAGGTGGCTGTGTGTGTGTGTGTGTGTGTGTGTGTGT-------------------CGTGTGCGT 102
OKH27   1:CTCATGAGCATCGCTTCATTGGCACAACTGCCATGGAGATATGGAAGGCTTGACTTAGGTGGCTGTGTGTGTGTGTGTGTGTGTGTGTGTGTGTGTGTG------------CGTGTGCGT 108
OKH35   1:CTCATGAGCATCGCTTCATTGGCACAACTGCCATGGAGATATGGAAGGCTTGACTTAGGTGGCTGTGTGTGTGTGTGTGTG------------------------------CGTGTGCGT  90
OKH37   1:GfCATGAGCATCGCTTCATTGGCACAACTGCCATGGAGATATGGAAGGCTTGACTTAGGTGGCTGTGTGTGTGTGTGTGTGTGTGTGTGTGTGTGTGTGTGTGTG------CGTGTGCGT 114
OKH40   1:CTCATGAGCATCGCTTCATTGGCACAACTGCCATGGAGATATGGAAGGCTTGACTTAGGTGGCTGTGTGTGTGTGTGTGTGTGTGTG------------------------CGTGTGCGT  96
          *********************************************************************************......                        ********.

OHT01  91:GTGCGTGTGCGTGTGCGTGTGCGTGTGCGTGTGCGTGTGCGTGTGCGTGTGCGTGTGCGTGTGCGTGTGTGTGCGTGTGCGTGTGCGTGTG--------------------CGTGCGTGC 192
OHT02 115:GTGCGTGTGCGTGTGCGTGTGCGTGTGCGTGTGCGTGTGCGTGTGCGTGTGCGTGTGCGTGTGCGTGTGCGTGTGCGTGTGCGTGTGCGTGTGCGTGTG------------CGTGCGTGC 222
OHT04  97:GTGCGTGTGCGTGTGCGTGTGCGTGTGCGTGTGCGTGTGCGTGTGCGTGTGCGTGTGCGTGTGCGTGTGCGTGTGCGTGTGCGTGTGCGTGTGCGTGTTCGTGTG------CGTGCGTGC 210
OHT05  91:GTGCGTGTGCGTGTGCGTGTGCGTGTGCGTGTGCGTGTGCGTGTGCGTGTGCGTGTGCGTGTGCGTGTGCGTGTG------------------------------------CGTGCGTGC 174
OHT06 121:GTGCGTGTGCGTGTGCGTGTGCGTGTGCGTGTGCGTGTGCGTGTGCGTGTGCGTGTGCGTGTGCGTGTGCGTGTGCGTGTGCGTGTGCGTGTGCGTGTG------------CGTGCGTGC 228
OHT10  91:GTGCGTGTGCGTGTGCGTGTGCGTGTGCGTGTGCGTGTGCGTGTGCGTGTGCGTGTGCGTGTGCGTGTGCGTGTGCGTGTG------------------------------CGTGCGTGC 180
OHT17  97:GTGCGTGTGCGTGTGCGTGTGCGTGTGCGTGTGCGTGTGCGTGTGCGTGTGCGTGTGCGTGTGCGTGTGCGTGTGCGTGTGCGTGTGCGTGTG------------------CGTGCGTGC 198
OHT27  91:GTGCGTGTGCGTGTGCGTGTGCGTGTGCGTGTGCGTGTGCGTGTGCGTGTGCGTGTGCGTGTGCGTGTGCGTGTGCGTGTGCGTGTG------------------------CGTGCGTGC 186
OHT36  91:GTGCGTGTGCGTGTGCGTGTGCGTGTGCGTGTGCGTGTGCGTGTGCGTGTGCGTGTGCGTGTG------------------------------------------------CGTGCGTGC 162
OKH02 121:GTGCGTGTGCGTGTGCGTGTGCGTGTGCGTGTGCGTGTGCGTGTGCGTGTGCGTGTGCGTGTGCGTGTGCGTGTGCGTGTG------------------------------CGTGCGTGC 210
OKH03  91:GTGCGTGTGCGTGTGCGTGTGCGTGTGCGTGTGCGTGTGCGTGTGCGTGTGCGTGTGCGTGTGCGTGTGCGTGTGCGTGTG------------------------------CGTGCGTGC 180
OKH05 121:GTGCGTGTGCGTGTGCGTGTGCGTGTGCGTGTGCGTGTGCGTGTGCGTGTGCGTGTGCGTGTGCGTGTGCGTGTGCGTGTGCGTGTGCGTGTG------------------CGTGCGTGC 222
OKH06 115:GTGCGTGTGCGTGTGCGTGTGCGTGTGCGTGTGCGTGTGCGTGTGCGTGTGCGTGTGCGTGTGCGTGTGCGTGTGCGTGTGCGTGTGCGTGTG------------------CGTGCGTGC 216
OKH12 103:GTGCGTGTGCGTGTGCGTGTGCGTGTGCGTGTGCGTGTGCGTGTGCGTGTGCGTGTGCGTGTGCGTGTGCGTGTGCGTGTGCGTGTGCGTGTGCGTGTG------------CGTGCGTGC 210
OKH27 109:GTGCGTGTGCGTGTGCGTGTGCGTGTGCGTGTGCGTGTGCGTGTGCGTGTGCGTGTGCGTGTGCGTGTGCGTGTGCGTGTGCGTGTGCGTGTGCGTGTGCGTGCGTGTGCGCGTGCGTGC 228
OKH35  91:GTGCGTGTGCGTGTGCGTGTGCGTGTGCGTGTGCGTGTGCGTGTGCGTGTGCGTGTGCGTGTGCGTGTG------------------------------------------CGTGCGTGC 168
OKH37 115:GTGCGTGTGCGTGTGCGTGTGCGTGTGCGTGTGCGTGTGCGTGTGCGTGTGCGTGTGCGTGTGCGTGTGCGTGTGCGTGTGCGTGTGCGTGTGCGTGTG------------CGTGCGTGC 222
OKH40  97:GTGCGTGTGCGTGTGCGTGTGCGTGTGCGTGTGCGTGTGCGTGTGCGTGTGCGTGTGCGTGTGCGTGTGCGTGTGCGTGTG------------------------------CGTGCGTGC 186
          ***************************************************************..............................                  *********
```

```
OHT01 193:GTGCAGGCCGTGTGCAGCCAATTTGCAGGATCCCTTAAG 231
OHT02 223:GTGCAGGCCGTGTGCAGCCAATTTGCAGGATCCCTTAAG 261
OHT04 211:GTGCAGGCCGTGTGCAGCCAATTTGCAGGATCCCTTAAG 249
OHT05 175:GTGCAGGCCGTGTGCAGCCAATTTGCAGGATCCCTTAAG 213
OHT06 229:GTGCAGGCCGTGTGCAGCCAATTTGCAGGATCCCTTAAG 267
OHT10 181:GTGCAGGCCGTGTGCAGCCAATTTGCAGGATCCCTTAAG 219
OHT17 199:GTGCAGGCCGTGTGCAGCCAATTTGCAGGATCCCTTAAG 237
OHT27 187:GTGCAGGCCGTGTGCAGCCAATTTGCAGGATCCCTTAAG 225
OHT36 1G3:GTGCAGGCCGTGTGCAGCCAATTTGCAGGATCCCTTAAG 201
OKH02 211:GTGCAGGCCGTGTGCAGCCAATTTGCAGGATCCCTTAAG 249
OKH03 181:GTGCAGGCCGTGTGCAGCCAATTTGCAGGATCCCTTAAG 219
OKR05 223:GTGCAGGCCGTGTGCAGCCAATTTGCAGGATCCCTTAAG 261
OKH06 217:GTGCAGGCCGTGTGCAGCCAATTTGCAGGATCCCTTAAG 255
OKH12 211:GTGCAGGCCGTGTGCAGCCAATTTGCAGGATCCCTTAAG 249
OKH27 229:GTGCAGGCCGTGTGCAGCCAATTTGCAGGATCCCTTAAG 267
OKH35 1G9:GTGCAGGCCGTGTGCAGCCAATTTGCAGGATCCCTTAAG 207
OKH37 223:GTGCAGGCCGTGTGCAGCCAATTTGCAGGATCCCTTAAG 261
OKH40 187:GTGCAGGCCGTGTGCAGCCAATTTGCAGGATCCCTTAAG 225
          ***************************************
                          ___________________
                                Primer
```

図8·2　広島湾太田川河口およびオホーツク海個体群の遺伝子座*Atama42*におけるMS領域の比較（OHT，太田川の略称；OKH，オホーツク海の略称；変異が見られない配列をアスタリスクで表示）

表8-1　日本および韓国沿岸域における有毒渦鞭毛藻*Alexandrium tamarense*の出現とその水温について

海域	水温（℃）		出現月	最大出現密度	調査期間	文　献
	範囲	盛期		(cells / *l*)		
オホーツク海	1.0-17.0	7.0-13.0	6-8	2,520	2002-2004	嶋田ら（未発表）
厚岸湾	2.0-20.0	8.0-15.0	4-8	700	1999-2000	金濱ら（未発表）
噴火湾	2.0-21.0	5.0-11.0	2-7	11,560	1991-1998	嶋田[35]；Shimada *et al.*[36]
大船渡湾	3.5-22.1	4.1-15.1	1-8	96,200	1982-2003	加賀ら（未発表）
仙台湾	5.2-17.5	6.4-9.8	12-6	13,530	1993-2004	山内ら（未発表）
三河湾	5.0-17.0	10.0-15.0	12-6	28,000,000	1980-2002	石田・尊田[31]
神戸港	9.8-17.2	9.8-16.8	3-5	29,000	1997-2004	西川ら（未発表）
呉湾	10.2-20.2	12.6-16.6	12-6	930,000	1994-1998	Itakura *et al.*[25]
広島湾太田川	10.5-16.7	12.1-14.0	2-6	3,164	1998-2000	松山ら（未発表）
韓国鎮海湾	5.0-18.0	8.0-12.0	1-6	23,900	1998-2000	Kim *et al.* (unpublished data)

合子が形成され，やがてシストに変化する[26, 27]．接合はとりわけブルームの終期に高頻度で見られ，大量のシストが海底泥表面に供給されることとなり，翌年のブルームのシードポピュレーションとして休眠することになる[28, 29]．また，*A. tamarense*のシストは泥中で長期にわたり生存可能で，サンプリング後，10℃の暗所で少なくとも13年間保存された泥中のシストから，活発な発芽と増殖が確認された*2．したがって，今回，広島湾で採集した海底泥から発芽した細胞から確立した培養株は，少なく見積もっても13年前から毎年形成されたシストから発芽してきた栄養細胞である．以上から判断すると，活発な接合による頻繁な遺伝子組み換えとシストの長期生存の結果として新たな変異が生じ，高い遺伝的多様性を保持してきたと推察される．

2·2　個体群間の遺伝的分化と遺伝子流動

10地点45のペア個体群におけるNei[30]の遺伝距離と地理的距離の関係について調べた結果，両者の間には有意な正の相関関係が認められた（$r = 0.60$，$n = 45$，$P = 0.0002$，Mantel test，図8·3）．この相関は，地理的距離に応じて個体群の遺伝的分化が生じてきたこと，すなわち海流・潮流による個体群間の流動が制限されてきたことを強く示唆する．集団の分化の程度について，さらにFisher's combined testに加えBonferroni correctionによる統計学的解析を行ったところ，45ペア個体群のうち，26のペア個体群で有意な集団分化が

*2 山口峰生　私信

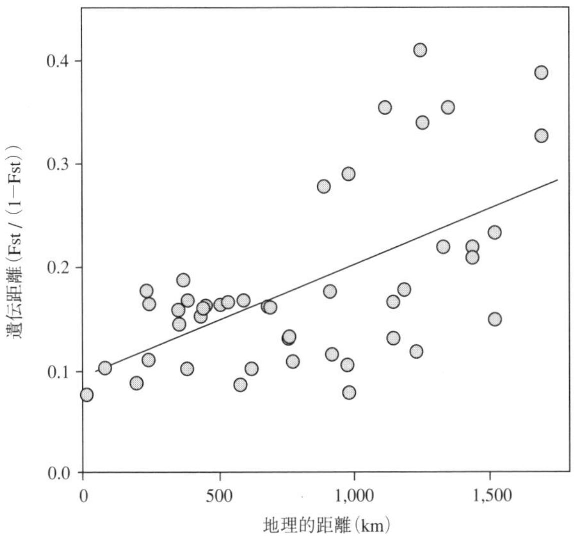

図8･3　2 地点間の遺伝距離と地理的距離の有意な正の相関. *Alexandrium tamarense* 個体群は地理的距離に応じて遺伝的分化が生じており，海流などの自然現象による集団間の遺伝子流動が制限されていることを示す（$r = 0.60$, $n = 45$, $P = 0.0002$；Mantel test）.

認められた（P＜0.05～0.001）（表8･2）.

遺伝距離からUPGMA法（Unweighted Pair-Group Method with Arithmatic mean）にて樹形図を作成したところ，①オホーツク海，厚岸湾の2地点，②噴火湾，仙台湾，大船渡湾，広島県呉湾，広島湾の5地点，③三河湾，神戸，韓国の3地点の3クラスターに分かれた（図8･4）. オホーツク海，厚岸湾の個体群は他海域の個体群と有意な集団分化を示したことから，オホーツク海・厚岸湾の個体群はロシア起源であることが示唆された.

日本太平洋沿岸の一部の海域において，海流による*A. tamarense*地方個体群間の移動・混合がほとんど見られないことを示す状況証拠がある. 静岡県浜名湖では，これまで*A. catenella*の発生がしばしば確認されてきたのだが，三河湾では*A. catenella*の発生の報告はなく，*A. tamarense*のブルームだけが1980年以降に頻発してきた[31]. リアルタイムPCR法により三河湾の海底泥から両種のDNAの検出を試みたところ，*A. tamarense*のみが検出された[32]. 両

表8-2　*Alexandrium tamarense* 個体群間の集団分化について（フィッシャーの検定）

	オホーツク海	厚岸湾	噴火湾	大船渡湾	仙台湾
オホーツク海					
厚岸湾	<0.00001***				
噴火湾	0.00043*	0.00800			
大船渡湾	<0.00001***	0.00014**	0.30972		
仙台湾	<0.00001***	<0.00001***	0.00165	0.08779	
三河湾	<0.00001***	<0.00001***	<0.00001***	0.08643	0.01121
神戸港	<0.00001***	<0.00001***	0.00001***	0.01422	0.01280
呉湾	<0.00001***	<0.00001***	0.00006***	0.06063	0.00009***
広島湾太田川	<0.00001***	<0.00001***	0.03294	0.51903	0.27521
韓国鎮海湾	<0.00001***	<0.00001***	<0.00001***	0.00063*	<0.00001***

	三河湾	神戸港	呉湾	広島湾太田川河口	韓国鎮海湾
オホーツク海					
厚岸湾					
噴火湾					
大船渡湾					
仙台湾					
三河湾					
神戸港	0.62949				
呉湾	0.00137	0.00027*			
広島湾太田川	0.01843	0.02882	0.47669		
韓国鎮海湾	0.00388	0.06189	<0.00001***	<0.00001***	

表中の数字は検定値（P値）を示し，アスタリスクは，さらにボンフェロニー法による検定結果を示す（***, P<0.001 ; **, P<0.01 ; *, P<0.05）

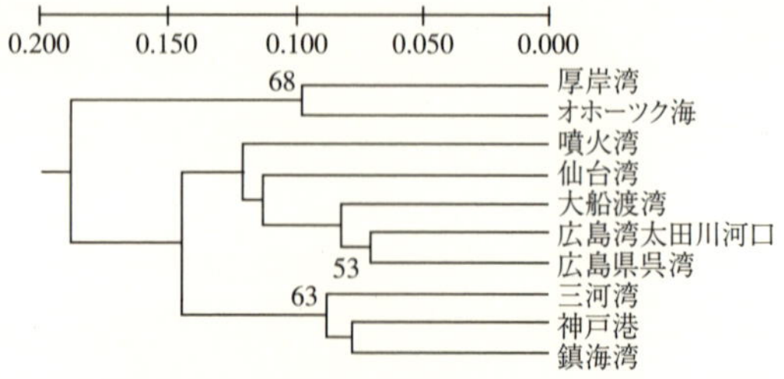

図8·4　UPGMA法によるデンドログラム（*Alexandrium tamarense* 10個体群についてNei [30] の遺伝距離に基づき作成，50％以上のブートストラップ値のみ表示）

海域間は直線距離でわずか20〜30 kmしか離れていないのにもかかわらず，このように両種の分布パターンは大きく異なっている．東西に細長く延びる知多半島によって地理的な隔離が生じており，海水の混合が起こりにくい状況にあると推察される．また，水中における*A. tamarense*の出現の限られた出現の季節性は，海流・潮流などの自然現象による遺伝子流動を生じにくくし，集団分化を進める方向に作用すると思われる．Santosら[8]は，カリブ海に生息するソフトコーラルの1種*Pseudo-pterogorgia elisabethae*に共生する渦鞭毛藻*Symbiodinium* sp. clade Bの個体群構造についてMSを用いた解析結果を報告した．バハマ沿岸域12地点のほとんどの個体群間において，著しく有意な集団分化が見られ，遺伝距離も*A. tamarense*の結果（後述）より著しく高い結果となっている．これは*Symbiodinium* sp.がサンゴに共生しているため基本的に移動することがなく，他海域の個体群と混合することがほとんどない結果，集団分化が進んだ例と言える．

*A. tamarense*の集団分化の検定において，噴火湾と大船渡湾，三河湾と神戸，呉湾と広島県太田川河口，大船渡湾と太田川，仙台湾と太田川の5つのペア個体群間で高いp値を示した（表8·2）．高いp値はこれらの個体群が遺伝的に近縁であることを示唆するものである（同じデータセットをもつペア個体群のp値は1を示す）．大船渡湾については，養殖用のホタテガイの稚貝が噴火湾から移入されており，この稚貝の輸送に伴い*A. tamarense*の栄養細胞かシストが持ち運ばれた可能性がある．一方で，海流による遺伝子流動も考えられる．すなわち，対馬暖流が日本海を北上し，津軽海峡を経て太平洋岸に入り，それが今度は津軽暖流として，東北地方を南下することが報告されている[33]．加えて，沿岸親潮と呼ばれる海流が襟裳岬を越えて噴火湾まで流入し，その分岐流が東北地方を南下する[33]．噴火湾から*A. tamarense*がこれら2つの海流に乗って大船渡湾まで運ばれ，その後に定着した可能性もあり，自然現象による遺伝子流動が生じたのかもしれない．

とりわけ大船渡湾と太田川，仙台湾と太田川の個体群間においては，地理的には1,000 kmも離れているにもかかわらず，遺伝的類似性が示唆された．海流による遺伝子流動が制限されている中，遠距離間の遺伝的類似性は，これらの個体群間で人為的な要因による遺伝子流動が生じてきたことを強く示唆している．仙台と広島は日本有数のカキ養殖の産地であり，これまで仙台と広島の間では古くからカキ種苗を日常的に移入させてきた経緯がある．稚貝とともに本種の栄養細胞やシストが持ち運びされたことにより遺伝子流動が生じた可能性が十分考えられる．*A. tamarense* による麻痺性貝毒の発生は，1980年代までは北海道，東北，関東地方の太平洋岸の一部の海域に限られてきた[31, 34−36]．しかし，1990年代に入り，本種のブルームは東日本の未発生海域や西日本でも発生するようになり，特に広島湾や仙台湾では毎年のように麻痺性貝毒が発生するようになった[35, 37, 38]．採泥コアサンプルにおけるシスト数の鉛直プロファイルと泥の堆積速度から，噴火湾では既に江戸時代に*A. tamarense*が出現していたことを示唆する結果が得られている[39]．日本沿岸各地には，かなり古くから*A. tamarense*が出現していた可能性もあるが，移入により持ち込まれた個体群が卓越して，大きなブルームを形成するようになった可能性も否定できない．今後，MSを用いたさらに詳細な解析が必要となろう．

以上の結果から，海流・潮流による*A. tamarense*個体群の遺伝子流動は一部の例外を除きはほとんど見られないこと，また，遠距離の海域間でも遺伝的な類似性が認められる場合があり，船舶や水産種苗の移植などに伴う*A. tamarense*の人為的な海域間移送が生じている可能性のあることが示唆された．今後，リアルタイムPCR法などにより，輸送中の水産種苗や活魚輸送トラックの運搬海水から直接，*A. tamarense*の検出・定量を試みる予定であり，*A. tamarense*を含めた有害・有毒プランクトンがどの程度，運ばれているのかについて明らかにしたい．

文　献

1）C. A. Scholin, G. M. Hallegraeff, and D. M. Anderson: Molecular evolution of the *Alexandrium tamarense* ‘species complex”（Dinophyceae）：dispersal in the North American and West Pacific regions, *Phycologia*, 34, 472-485（1995）.

2）C. Lian and T. Hogetsu: Development of microsatellite markers in black locust（*Robinia pseudoacacia*）using a dual-suppression-PCR technique, *Mol. Ecol. Notes*, 2, 211-213（2002）.

3）S. Nagai, C. Lian, M. Hamaguchi, Y. Matsuyama, S. Itakura, and T. Hogetsu: Development of microsatellite markers in the toxic dinoflagellate *Alexandrium tamarense*（Dinophyceae）, *ibid.*, 4, 83-85（2004）.

4）M. Nei: Analysis of gene diversity in

subdivided populations, *Proc. Natl. Acad. Sci. USA*, 70, 3321-3323 (1973).

5) M.Adachi, Y.Sako, and Y.Ishida: Restriction fragment length polymorphism of ribosomal DNA internal transcribed spacer and 5.8S regions in Japanese Alexandrium species (Dinophyceae), *J. Phycol.*, 30, 857-863 (1994).

6) C. A. Scholin, and D. M. Anderson: Identification of species and strain-specific genetic markers for globally distributed *Alexandrium* (Dinophyceae). I. RFLP analysis of SSU rRNA genes, *ibid.*, 30, 744-754 (1994).

7) M. D. Iglesias-Rodríguez, A. G. Sáez, R. Groben, K. J. Edwards, J. Batley, L. M. Medlin, and P. K. Hayes: Polymorphic microsatellite loci in global populations of the marine coccolithophorid *Emiliania huxleyi, Mol. Ecol. Notes* , 2, 495-497 (2002).

8) S.R. Santos, C.G. Rodríguez, H.R.Lasker, and M. A. Coffroth: *Symbiodinium* sp. Association in the gorgonian Pseudopterogorgia elisabethae in the Bahamas: high levels of genetic variability and population structure in symbiotic dinoflagellates, *Mar. Biol.*, 143, 111-120 (2003).

9) K. M. Evans, and P. K. Hayes: Microsatellite markers for the cosmopolitan marine diatom *Pseudo-nitzschia pungens, Mol. Ecol. Notes*, 4, 125-126 (2004).

10) K.M. Evans, S. F. Kühn, and P. K. Hayes: High levels of genetic diversity and low levels of genetic differentiation in North Sea *Pseudo-nitzschia pungens* (Bacillariophyceae) populations, *J. Phycol.*, 41, 506-514 (2005).

11) T. A. Rynearson, and E. V. Armbrust: Genetic differentiation among populations of the planktonic marine diatom *Ditylum brightwellii*(Bacillariophyceae), *ibid*, 40, 34-43 (2004).

12) T. A. Rynearson, and E. V. Ambrust: Maintenance of clonal diversity during a spring bloom of the centric diatom *Ditylum brightwellii, Mol. Ecol.*, 14, 1631-1640 (2005).

13) T. A. Rynearson, J. A. Newton, and E. V. Ambrust: Spring bloom development, genetic variation, and population succession in the planktonic diatom *Ditylum brightwellii, Limnol. Oceanogr.*, 51, 1249-1261 (2005).

14) S. Nagai, M. Sekino, Y. Matsuyama, and S. Itakura: Development of microsatellite markers in the toxic dinoflagellate *Alexandrium catenella* (Dinophyceae), *Mol. Ecol. Notes*, 6, 120-122 (2006).

15) S. Nagai, L. McCauley, N. Yasuda, D. L. Erdner, D. M. Kulis, Y. Matsuyama, S. Itakura, and D.M. Anderson: Development of microsatellite markers in the toxic dinoflagellate *Alexandrium minutum* (Dinophyceae), *ibid.*, 6, 756-758 (2006).

16) S. Nagai, S. Yamaguchi, C. Lian, Y. Matsuyama, and S. Itakura: Development of microsatellite markers in the noxious red tide-causing algae *Heterosigma akashiwo* (Raphidophyceae), *ibid.*, 6, 477-479 (2006).

17) G. Nishitani, S. Nagai, S. Sakamoto, CL. Lian, C. K. Lee, T. Nishikawa, S. Itakura and M. Yamaguchi: Development of compound microsatellite markers in the harmful dinoflagellate *Cochlodinium polykrikoides* (Dinophyceae), *ibid.*, in press.

18) S. Nagai, G. Nishitani, S. Yamaguchi, N. Yasuda, CL. Lian, S. Itakura, M. Yamaguchi: Development of microsatellite markers in the noxious red tide-causing

dinoflagellate *Heterocapsa circularisquama*（Dinophyceae）. *ibid.*, in press.

19）G. Levinson, and G. A. Gutman: Slipped-strand mis-pairing: a major mechanism for DNA sequence evolution, *Mol. Biol. Evol.*, 4, 203-221（1987）.

20）R. K. Wolff, R. Plaeke, A. J. Jeffreys, and R. White: Unequal crossing over between homologous chromosomes is not the major mechanism involved in the generation of new alleles at VNTR loci, *Genomics*, 5, 382-384（1991）.

21）J. W. Drake, B. W. Glickman, and L. S. Ripley: Updating the theory of mutation, *Am. Sci.*, 71, 621-630（1983）.

22）R. M. Harding, A. J. Boyce, and J. B. Clegg: The evolution of tandemly repetitive DNA: recombination rules, *Genetics*, 132, 847-859（1992）.

23）D. Tauz, and M. Renz: Simple sequences are ubiquitous repetitive components of eukaryotic genomes, *Nucleic Acids Res.* , 12, 4127-4138（1984）.

24）T. Honjo, and K. Tabata: Growth dynamics of Olisthodiscus luteus in outdoor tanks with flowing coastal water and in small vessels, *Limnol. Oceanogr.*, 30, 653-664（1985）.

25）S. Itakura, M. Yamaguchi, M. Yoshida, and Y. Fukuyo: The seasonal occurrence of *Alexandrium tamarense*（Dinophyceae）vegetative cells in Hiroshima Bay, Japan, *Fish. Sci.*, 68, 77-86（2002）.

26）D. M. Anderson, D. M. Kulis, and B. J. Binder: Sexuality and cyst formation in the dinoflagellate *Gonyaulax tamarensis*: cyst yield in batch cultures, *J. Phycol.*, 20, 418-425（1984）.

27）S. Nagai, Y. Matsuyama, S. J. Oh, and S. Itakura: Effect of nutrients and temperature on encystment of the toxic dinoflagellate *Alexandrium tamarense*（Dinophyceae）isolated from Hiroshima Bay, Japan, *Plankton Biol. Ecol.*, 51, 103-109（2004）.

28）K. Ichimi, M. Yamasaki, Y. Okumura, and T. Suzuki: The growth and cyst formation of a toxic dinoflagellate, *Alexandrium tamarense*, at low water temperatures in north-eastern Japan, *J. Exp. Mar. Biol. Ecol.*, 261, 17-29（2001）.

29）山口峰生・板倉　茂・今井一郎：広島湾海底泥における有毒渦鞭毛藻*Alexandrium tamarense*および*Alexandrium catenella*シストの現存量と水平・鉛直分布，日本水産学会誌，61，700-706（1995）.

30）M. Nei: Genetic distance between populations, *Am. Nat.*, 106, 283-292（1972）.

31）石田基雄・尊田佳子：三河湾における*Alexandrium tamarense*の増殖とアサリの毒化について，愛知県水産試験場研究報告，10，25-36（2003）.

32）R. Kamikawa, S. Nagai, S. Hosoi-Tanabe, S. Itakura, M. Yamaguchi, Y. Uchida, T. Baba and Y. Sako: Application of real-time PCR assay for detection and quantification of *Alexandrium tamarense* and *Alexandrium catenella* cysts from marine Sediments, *Harmful Algae*, in press.

33）Y. Isoda, and M. Kishi: A summary of “Coastal Oyashio” symposium, *B. Coast. Oceanogr.*, 41, 1-3（2003）.

34）T. Kawabata, T. Yoshida, and Y. Kubota Y: Paralytic shellfish poison-I. A note on the shellfish poisoning occurred in Ofunato City, Iwate Prefecture in May, 1961. *Nippon Suisan Gakkaishi*, 28, 344-351（1962）.

35）嶋田　宏：噴火湾における植物プランクトン組成の季節変化，沿岸海洋研究，38，15-22（1991）.

36）H. Shimada, T. Hayashi and T. Mizushima : Spatial distribution of

Alexandrium tamarense in Funka Bay, Southwestern Hokkaido, Japan. *In* "Harmful Algal Blooms" (ed. by Y. Yasumoto, Y. Oshima and Y. Fukuyo), IOC-UNESCO, Paris, 1996, pp.219-221 (1996).

37) M. Asakawa, K. Miyazawa, H. Takayama, and T. Noguchi : Dinoflagellate *Alexandrium tamarense* as the source of paralytic shellfish poison (PSP) contained in bivalves from Hiroshima Bay, Hiroshima Prefecture, Japan, *Toxicon*, **33**, 691-697 (1993).

38) K. Ichimi, M. Yamasaki, Y. Okumura, and T. Suzuki: The growth and cyst formation of a toxic dinoflagellate, *Alexandrium tamarense*, at low water temperatures in north-eastern Japan, *J. Exp. Mar. Biol. Ecol.*, **261**, 17-29 (2001).

39) 宮園　章：噴火湾における有毒プランクトン*Alexandrium tamarense*のシストの鉛直分布，発芽活性およびシスト密度の季節変化，北海道水産試験場研究報告，**61**，9-15 (2002).

9．*Dinophysis* 属の個体群動態と生理的特徴

小池一彦[*1]・高木　稔[*2]・瀧下清貴[*3]

下痢性貝毒（diarrhetic shellfish poisoning；DSP）は，主としてホタテ，カキ，ムラサキイガイなどの二枚貝を食することによって引き起こされる貝毒である．本貝毒による死亡例は無いものの，他の貝毒と比較して発生海域が広大であるため，養殖二枚貝の出荷停止による経済的被害は大きい．

1978年に，当時東北大学の，安元教授らのグループによって渦鞭毛藻の *Dinophysis fortii* が本貝毒の主原因プランクトンであることが突き止められ[1)]，その後も同グループの精力的な研究により，いくつかの *Dinophysis* 種もその原因生物リストに追加されてきた[2)]．一方，世界中の研究者の努力にもかかわらず，いずれの *Dinophysis* 種も研究室内で維持・培養することはできておらず，その生理・生態の多くが不明なままである．その代わりと言っては語弊があるが，彼らの増殖機構を知る唯一の手段であるフィールド調査は精力的に行われてきており，例えば本邦東北沿岸では，対馬・津軽暖流と親潮の流勢が *D. fortii* の出現を大きく左右する要因となっているなど，興味深い知見が蓄積している[3, 4)]．しかし，これら調査結果において *Dinophysis* spp. の出現は，一般的な植物プランクトンの増殖要因，例えば無機栄養塩類の濃度などとあまり相関を示さず，むしろその増殖を引き起こす環境要因の謎は深まっている．

筆者らは1995年より三陸沿岸の越喜来湾（岩手県）を中心とした *D. fortii* の出現調査を開始し[5)]，10有余年にわたるデータを得てきた．その結果を§1. に紹介し，本種の近年の出現傾向とそれに関連する海洋学的情報を共有したいと思う．ここでは，既に予想されていた通り[3)]，三陸沖合域において津軽暖流と沿岸表層水が混合し，そこで *D. fortii* が増殖し，その増殖水塊が二枚貝の養殖海域である湾内へ流入する，というDSP発生につながる一連のストーリーを

*1 北里大学　水産学部（現在　広島大学大学院生物圏科学研究科）
*2 岩手県水産技術センター　漁場保全部
*3 海洋研究開発機構　極限環境生物圏研究センター

確認できる．ただしそれだけでは，水温や塩分といったごく基本的な環境要因以外に，*D. fortii*の増殖を引き起こす真の要因は理解できない．そこで筆者らは，様々な手法を用いて天然の*Dinophysis*細胞を観察し，その栄養摂取様式を理解しようと努力してきた．その結果を§2．以降紹介していき，他の研究例や未だ解明されていない部分の想像も交えて*Dinophysis* spp.の生態に迫ってみようと思う．

§1．三陸沿岸における*D. fortii*の出現と海洋環境

筆者らは越喜来湾内の定点調査を1995～2006年の間，そして同湾内およびその沖合の定線調査（湾口を基点とし15マイル沖まで）を2000～2006年の間行ってきた．同期間中は1970～1980年代のような高密度な*D. fortii*の出現は見られず，最大でも1999年6月17日に1,405 cells / *l*を記録した限りである．2001年以降は200 cells / *l*以下の低密度な出現しか認められていない．それでも，海洋学的パラメーターを詳しく見ていくと，同湾における*D. fortii*の出現機構が見えてくる．

湾央部における*D. fortii*の鉛直分布の経時的変化をコンタ図にしてみると，例えば，2000年においては6月6日以降の急激な水温の上昇にともない*D. fortii*が急激に出現することがわかる（図9·1a, b）．この時の急激な水温上昇は連続水温の記録においても顕著であり（図9·1cの矢印），湾内における*D. fortii*の出現には固有の暖水塊の流入が関わっていると判断される．この水塊の性格付けをするために，湾内において“*D. fortii*が活発に増殖する水塊”（20 cells / *l*以上の出現を示してからその出現ピークに達するまでの期間；1995～2003年のデータを使用）の水温・塩分データを調べたところ，水温10.5～13.5℃，塩分33.50～33.80の範囲に約85％のデータが集約した．三陸沿岸は，固有の沿岸水に，黒潮北上分派，親潮第一分岐，津軽暖流などの海流が複雑に絡み合う海域であり，*D. fortii*の増殖に寄与する水系の判断は難しい．しかし，Hanawa and Mitsudera [6] のTemperature-Salinity scatter diagram（T-S diagramとする）上に，上記の水温・塩分範囲を当てはめると，この*D. fortii*増殖至適水塊（DF-waterとする）は津軽暖流と沿岸表層水との混合水塊であると判断される．このDF-water範囲内へのプロットの出入りを

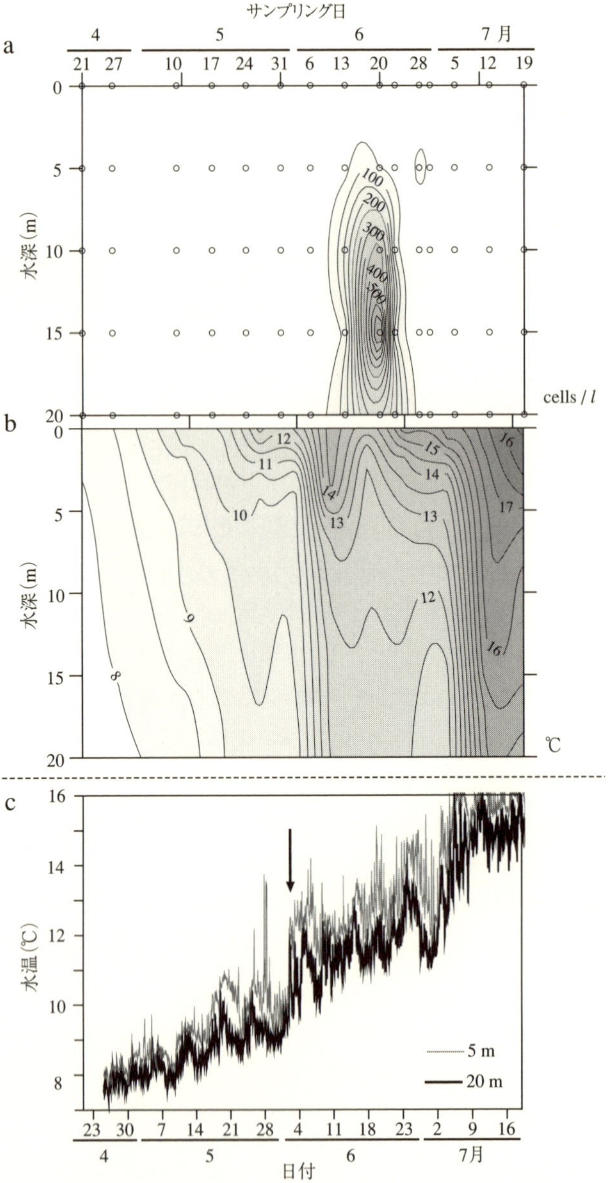

図9・1　越喜来湾 湾央部における（2000年）*Dinophysis fortii* 細胞密度（a）と水温（b）の鉛直分布の経時的変化，および水温の連続測定記録（c）．

経時的に追いかけてみると（図9･2に2001年の結果を例として示す），湾内の水が先にDF-water内にプロットされても*D. fortii*は出現せず（5月25日と6月4日），津軽暖流と思われる沖合水と湾内の水がDF-water範囲内で混合すると*D. fortii*の顕著な出現が見られる（6月15日）．これと同時に湾内で*D. fortii*は出現ピークを迎える．以上のことから，三陸沖を流れる津軽暖流の南下と，その接岸，および沿岸表層水との混合が*D. fortii*の増殖にとって好適な水塊を形成するものと考えられる．沖合調査を実施した2000～2005年の間に得た，*D. fortii*の出現ピーク前後のT-S diagramはいずれの年も同じような様相を示し，この機構の普遍性を示すものだと思われる．

津軽暖流と沿岸表層水との混合は，より沖合の深層から迫ってくる親潮分岐水の勢力によっても影響を受けると考えられ，それを示すように，*D. fortii*のの出現ピーク前には，勢力の強い親潮水が観測される（図9･2の6/4のT-S diagram）．津軽暖流の南下，親潮分岐水の深層からの接岸およびそれによる津軽暖流の持ち上げ，さらに津軽暖流と沿岸表層水との混合，この一連の機構が*D. fortii*の増殖水塊を形成すると考えられる．なお，親潮分岐水の影響を受けた冷水塊の接近によって，顕著な密度躍層が沖合に形成される．このような密度躍層は，潮汐に伴う流れと海底地形との干渉により上下方向にも振動し，内部潮汐波と呼ばれる現象を引き起こす．この内部潮汐波がもっとも顕著に見られた2000年の連続水温記録を見ると（図9･1c），*D. fortii*の出現期間にDF-waterの水温範囲内で，低層の水温が半日～1日周期で激しく上下動している．これは，内部潮汐波によって沖合水が湾内に底伝いに流出入していることを示す．内部潮汐波は，沖合における*D. fortii*の増殖水塊を，貝類の養殖海域である湾内へ輸送することに関連していると考えられる．

以上に示したように，越喜来湾における*D. fortii*の出現は，津軽暖流と沿岸表層水の混合に負うところが大きい．ただし，シードとなる細胞がどちら側の水域に由来するのかはまだわからない．後述するが，*Dinophysis* spp.には休眠胞子（シスト）は見つかっておらず，湾内の底質中からの供給は考えにくい．筆者らは通年に渡り越喜来湾で調査を行っているが，極々少数の*D. fortii*細胞は湾内（もしくは沿岸域）に常在するようであり，もしかしたら，このような細胞が津軽暖流との混合により増殖を開始するのかもしれない．ただし，津軽

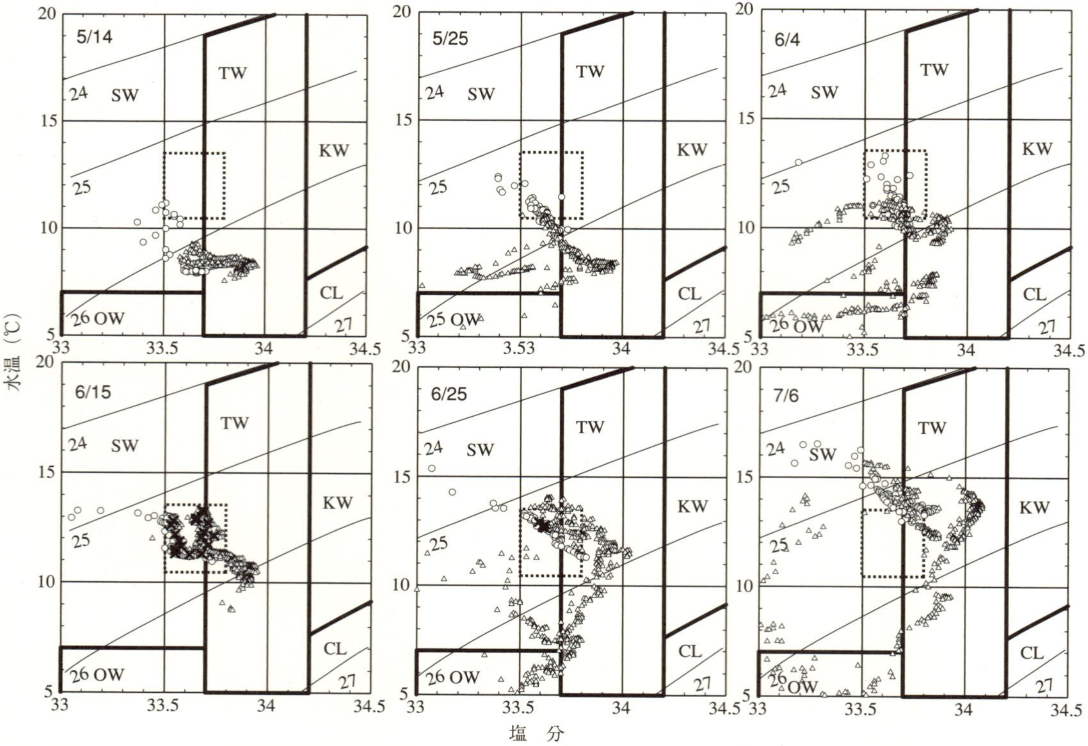

図9·2　T-S diagram[6] 上にプロットした水温-塩分データ（○，越喜来湾内；△，湾口～15 mile 沖）の移り変わり（2001年）．*Dinophysis fortii* の増殖至適水温塩分範囲を点線の四角で囲み，*D. fortii* が20 cells / *l* 以上出現したプロットを×で示した．SW，沿岸表層水；TW，津軽暖流水；KW，黒潮系水；CL，低層冷水；OW，親潮系水．

暖流からのシードの供給も否定できず，今後，東北各地で採集した細胞の分子系群解析などが望まれる．

§2. *Dinophysis* spp. の光合成能に関して

DSPの原因とされている（正確にはDSP原因毒を細胞に含む）*Dinophysis*種のうち，*D. rotundata*を除く全てが細胞内に葉緑体をもつ光合成種である．光合成能は意外に高く，^{14}C法による測定では，*D. acuminata*と*D. norvegica*では41 pgC / cell / 時[7]，*D. fortii*では213 pgC / cell / 時[8]の炭素同化速度が記録されている．これは同様の方法で測定された*Alexandrium tamarense*の136 pgC / cell / 時[9]と比べても遜色のない活性である．これら光合成性*Dinophysis*の葉緑体は，渦鞭毛藻に見られる一般的なペリディニン含有・3重チラコイド型のそれではなく，フィコビリン含有・2重チラコイド型である[10]．このタイプの葉緑体はクリプト藻の特徴であり，したがって，光合成性*Dinophysis*はクリプト藻から葉緑体を得たと考えられる．特に渦鞭毛藻においては進化の過程で様々な藻類から葉緑体を獲得・共生化しているので[11]，*Dinophysis*がクリプト藻の葉緑体を有していてもそれほど不思議なことではない．しかしその獲得が本当に進化の過程で起きたのか，それとも今現在，環境中のクリプト藻からの収奪現象なのかについては統一見解が得られていない．むしろ，光合成性*Dinophysis*の細胞内には葉緑体以外にクリプト藻に由来する細胞内器官は見られず，また，葉緑体包膜（葉緑体を囲む膜）が2重（クリプト藻のそれは葉緑体小胞体膜を加えて4重）であることなどから，葉緑体の獲得は進化の過程で生じたとの見解が大勢を占める[10, 12]．ただし，クリプト藻タイプの葉緑体をもつ渦鞭毛藻のほとんどの種，例えば*Amphidinium poecilochroum*[13]，*A. latum*[14]，*Gymnodinium aeruginosum*[15]（＝*G. acidotum*[16]）では，葉緑体は環境中のクリプト藻から収奪されたもの（これをkleptoplastもしくはkleptoplastidと呼ぶ）であり，*Dinophysis*の場合においてもkleptoplastidyの可能性を疑ってみるべきだと思う．*D. fortii*の場合はブルームに先立ってその葉緑体含量が増加する傾向にあり[17]，もし光合成性*Dinophysis*の葉緑体が環境中に出現するクリプト藻に由来するのであれば，その起源クリプト藻がDSPの発生を握るかもしれないからである．筆者らは三陸沿岸に出現する*D. fortii*を観察・分析してきた経験から，光合成性*Dinophysis*の葉緑体はkleptoplastである可能性が高いと思うに至った．以下にその根拠を示していきたい．

採集した*D. fortii*細胞を1/10濃度程度の栄養強化海水中でインキュベートすると，数ヶ月の間は維持が可能である．その間に数回の細胞分裂が見られることがあるが，分裂にともない細胞当たりの葉緑体含量は次第に減ってゆく．時には全く葉緑体を失いつつも活発に遊泳する細胞も目にする．また，フィールドで採集してきた*D. fortii*細胞を経時的に観察すると，その葉緑体含量にかなりの幅がある．これらの観察結果から，*D. fortii*は葉緑体を自己で生産していない可能性が伺える．

次に葉緑体の起源を知る上で最も有用な手段である，葉緑体遺伝子の解析結果について示す．4種の光合成性*Dinophysis*（*D. acuminata, D. norvegica, D. fortii, D. tripos*）の葉緑体小サブユニットリボゾームRNA（SSU rRNA）遺伝子の塩基配列を比較し系統解析を行った結果，4種いずれの配列も完全に一致し，クリプト藻の*Teleaulax* sp.とほぼ同一であった[18, 19]．ただし，核SSU rRNA遺伝子の塩基配列には種特異的な塩基の置換が見られた．一般に，進化の過程で共生・同化された葉緑体は，宿主である渦鞭毛藻自体の進化，すなわち核ゲノムと協調して進化して行く．さらに進化の過程において，渦鞭毛藻に取り込まれた共生体由来の葉緑体遺伝子は，極めて速い進化速度を示すことが知られている．例えば，ハプト藻タイプの葉緑体をもつ渦鞭毛藻（*Karenia, Karlodinium*属）の場合，核と葉緑体のSSU rRNA遺伝子の塩基配列でそれぞれ系統樹を構築すると，その樹形は同じであるが，葉緑体遺伝子の枝長は核のそれよりもはるかに長くなる（つまり塩基の置換率が高い）[20]．しかしながら，*Dinophysis* spp.の場合は，種間に葉緑体の塩基置換がないので，*Karenia, Karlodinium*の場合と逆であり，進化の過程で同化したものとは考えにくい．なお，葉緑体SSU rRNA遺伝子以外にも，*rbcL*[19]，*psbA*[21]，*trnA*-ITS-23S rDNA[22]などの葉緑体ゲノム領域の塩基配列も種間で同一であることが見出されている．これらいずれの遺伝子の塩基配列もクリプト藻の*Teleaulax*属（SSU rRNA遺伝子における一例を図9·3に示す），特に*Teleaulax amphioxeia*の相同領域と同一であるため[21]，このクリプト藻種が

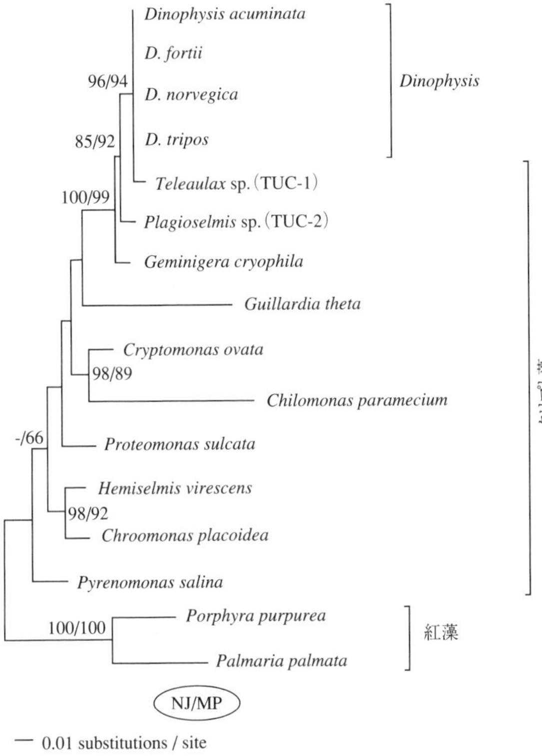

図9･3　葉緑体小サブユニット rRNA 遺伝子の塩基配列に基づく最尤法（ML 法）系統樹．近隣結合法（NJ 法）と最大節約法（MP 法）で算出したブーツストラップ値を示す（＞50）．（Takahashi ら[19] を一部改編）．

Dinophysis の葉緑体の起源（供給源）となっている可能性は極めて高い．なお，逆に，同種の *Dinophysis* の葉緑体遺伝子が採取海域によって異なる例もある[22, 23]．このことは，さらに *Dinophysis* の葉緑体が外部由来であることを示し，その選択性には海域に応じてある程度の幅があることを示す．最近，筆者らは従属栄養性である *D. mitra* にも葉緑体があることを見出し，その形態と遺伝子解析からハプト藻に由来することを発見した[24]．本種の葉緑体の場合は明らかに環境中のハプト藻に由来し，それを示すように，葉緑体の包膜（ハプト藻の場合もクリプト藻と同じ4重）がところどころ4重，部分的に2重になっている．ただし，やはり光合成性 *Dinophysis* 種と同じように，葉緑体以外

にハプト藻の残骸はない．光合成性*Dinophysis*種にしても，*D. mitra*にしても，クリプト藻もしくはハプト藻から葉緑体のみを収奪し，その包膜を2重になるまで消化するという機構をもっていると考えざるを得ない．ただし，いずれの*Dinophysis*においても葉緑体の起源と考えられるクリプト藻，ハプト藻培養株を添加しても，その取り込みが確認されていない．何か取り込みのトリガーとなる環境要因があるのか，取り込みを行う細胞ステージがあるのか，今後の研究が待たれる．なお，*D. fortii*によるクリプト藻*Plagioselmis* sp.（*Teleaulax*属と近縁のグループ）の取り込み[25]，また，細胞表面へのナノ・ピコプランクトンの付着現象[26]，などは既に報告されており，葉緑体収奪と関連付けられるのかもしれない．

上記はまだ仮説の段階ではあるが，筆者らはこれら光合成性*Dinophysis*の

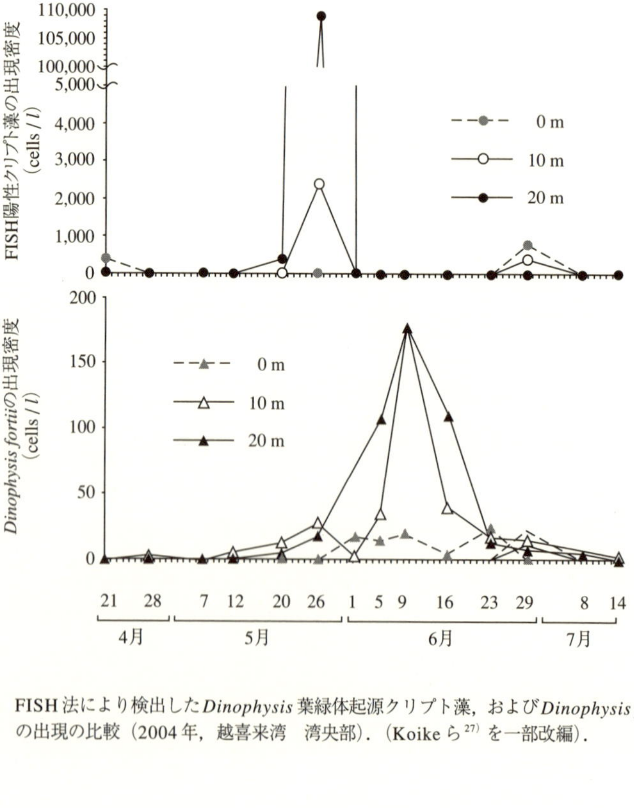

図9·4　FISH法により検出した*Dinophysis*葉緑体起源クリプト藻，および*Dinophysis fortii*の出現の比較（2004年，越喜来湾　湾央部）．（Koikeら[27]を一部改編）．

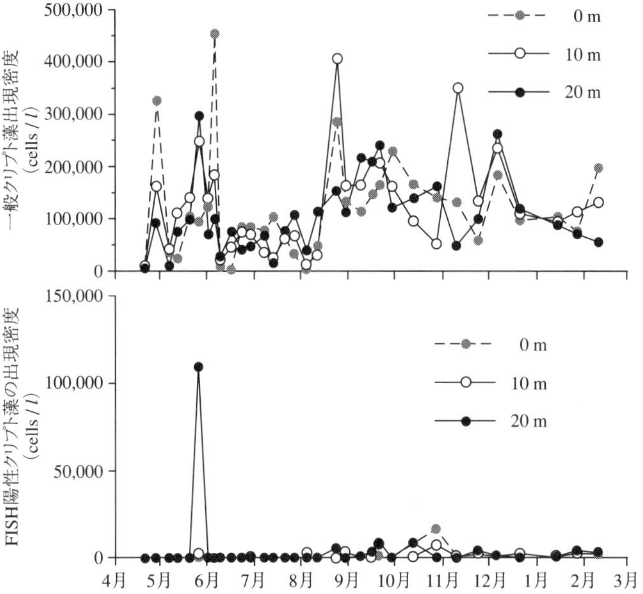

図9･5　一般クリプト藻とFISH陽性クリプト藻の出現の比較（2004～2005年，越喜来湾湾央部）．（Koikeら[27]を一部改編）．

葉緑体が環境中に出現する*Teleaulax*に由来すると考え，本クリプト藻と*D. fortii*の出現との関係を4年間にわたりフィールドでモニターしてきた．その際に，*Teleaulax*（もしくは光合成性*Dinophysis*種）の葉緑体SSU rRNAの特異領域に結合する蛍光核酸プローブを設定し，fluorescence *in situ* hybridization（FISH）法を用いて，起源クリプト藻の検出を行った[19]．その結果，いずれの年も，*D. fortii*の出現の前にプローブが結合するナノプランクトン（＜20 μm），おそらく*Teleaulax*が顕著に出現することを見出した（図9･4）[27]．4年間にわたり例外的な結果がないことから，*D. fortii*は環境中のクリプト藻から葉緑体を得ていることは間違いないと考えている．通年に渡るモニタリングでは，クリプト藻全般は常に出現するが，本クリプト藻は*D. fortii*の出現直前に突発的に出現する（図9･5）．したがって，少なくとも本FISH法による*Teleaulax*クリプト藻のモニタリングは*D. fortii*によるDSPの発生予知に有効であろう．なお，本クリプト藻が出現ピークを迎えた水塊の水温・塩分

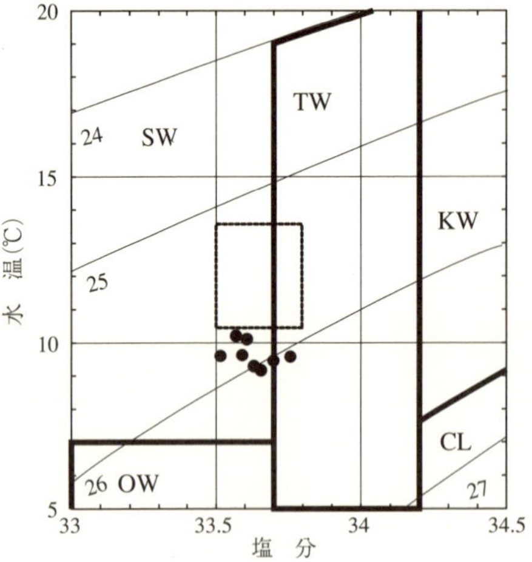

図9·6　T-S diagram[6]上にプロットした，FISH陽性クリプト藻の出現ピーク時の水温－塩分データ（2003～2006年）．図9·2同様に，*Dinophysis fortii* の増殖至適水温塩分範囲を点線の四角で囲んだ．SW，沿岸表層水；TW，津軽暖流水；KW，黒潮系水；CL，低層冷水；OW，親潮系水．（Koikeら[27]を一部改編）．

データを，§1．に示したようにT-S diagramにプロットすると，DF-waterのボックスをそのまま低水温側にずらしたような形になる（図9·6）[27]．これは，*D. fortii* の出現よりも若干早い時期に形成された沿岸表層水と津軽暖流の混合水塊で本クリプト藻が増加していることを示す．もしかしたら，§1．で述べたような，*D. fortii* がある限定された水温・塩分範囲内で増殖する理由は，葉緑体の起源となるクリプト藻こそが限定された水塊で増殖することに起因するのかもしれない．

§3．*Dinophysis* spp.の従属栄養性に関して

Dinophysis spp.は，細胞内に食胞をもち完全に葉緑体をもたない従属栄養種（例えば *D. rotundata* や *D. infundibula* など）や，前述の光合成種，そして食胞と葉緑体を同時にもつ *D. mitra* や *D. rapa*[28]などに分けられる．ところが，光合成種である *D. acuminata, D. norvegica, D. fortii, D. tripos* なども食胞をもつことがある[8, 29, 30]．筆者らの越喜来湾における観察によると，*D. fortii* の場合，出現ピークである6月中旬の細胞には食胞がないが，出現ピーク前の5～6月上旬，ピーク後の7月下旬の細胞は多くの食胞をもつ[17]．食胞内にはミトコンドリアが残っていることが多く，このミトコンドリアの形態は *D. fortii* のそれとは全く異なることから，外部の真核生物の捕食の結果形成されたものであることは明らかである．1つの食胞内には2つのタイプのミトコンドリア（管状クリステタイプと板状～盤状クリステタイプ）が同時に入って

いることがある[29]．1つの食胞が1個体の生物の捕食の結果形成されると仮定すると，餌生物もまた捕食性の生物であることになる（したがって2種類のミトコンドリアが存在する）．Jacobson and Andersen [30] は*D. acuminata*の食胞を観察し，その内容物が*Oxyphysis oxytoxoides*の食胞とよく似ていることから，*O. oxytoxoides*同様に*D. acuminata*も繊毛虫を捕食していると考察している．筆者らも，既に繊毛虫*Tiarina fusus*を捕食することが確認されてい

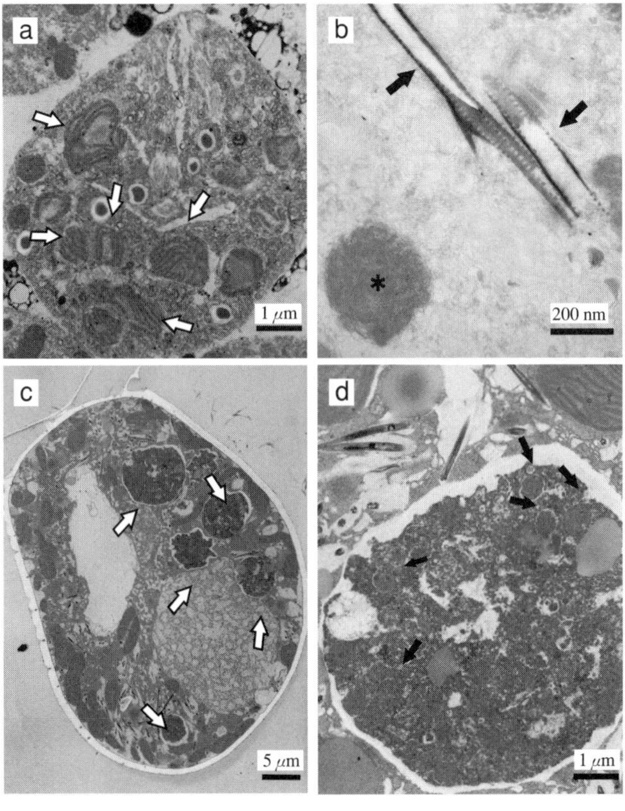

図9·7 同日に採集した*Dinophysis rotundata*（a, b）と*Dinophysis fortii*（c, d）との細胞内構造の比較（透過型電子顕微鏡像）．(a) *D. rotundata*の食胞の拡大．ハプト藻の葉緑体（矢印）が多数観察される．(b) *D. rotundata*の食胞内に含まれる珪藻（*Thalassiothrix* sp.）の被殻（矢印）．管状クリステのミトコンドリアも認められる（アスタリスク）．(c) *D. fortii*細胞の縦断面．食胞（矢印）が認められる．(d) 食胞の拡大．被食生物由来のミトコンドリア（矢印）が観察される．

る*D. rotundata*[31]と*D. fortii*を同日に越喜来湾で採集し，その食胞の内容物を透過型電子顕微鏡で比較した（図9･7）．*D. rotundata*の食胞にはハプト藻と思われる多数の葉緑体や，羽状目珪藻（おそらく*Thalassiothrix*属）の被殻などが残っており，また，これらの残がいよりもはるかに大きい管状クリステのミトコンドリアが多数認められた．したがって，この時の*D. rotundata*は，ハプト藻や珪藻を呑食できる管状クリステのミトコンドリアをもつ真核生物，おそらく大型の繊毛虫類（やはり*Tiarina*など）を捕食していたと考えられる．一方，*D. fortii*の食胞内の内容物は*D. rotundata*の場合と若干様相が異なり，微細藻類の残がいは見られず，ミトコンドリアも管状クリステではあるものの，その大きさが*D. rotundata*の場合と比べて若干小型であった．これらの結果より，*D. fortii*は，少なくとも*D. rotundata*と同じ餌を捕食しているとは考えられない．最近，Parkら[32]は*D. acuminata*が繊毛虫の*Myrionecta rubra*を捕食することを発見した．*D. fortii*もこのような小型の繊毛虫を捕食しているのかもしれない．

Gisselsonら[33]は*D. norvegica*の細胞分裂速度と光合成による炭酸同化の関係をフィールドで調べ，実際には$\mu = 0.4$程度の比増殖速度が見込めるのにもかかわらず，炭酸同化のみでは$\mu = 0.2$程度しかサポートせず，それ以上の分裂は従属栄養的な摂取に支えられていると推察している．しかし筆者らの観察では，*D. fortii*の出現のピーク時（6月）には細胞内に食胞が見られず，葉緑体のみが充満し，大量出現にあまり適さないような時期（5月，7月）に食胞が充満する傾向にあるので[17]，*D. fortii*，もしくは三陸沿岸においては，従属栄養は増殖に適さない時期（葉緑体の獲得ができない時期？）のサバイバル術であるように感じられる．

§4．*Dinophysis* spp. の生活史に関して

いくつかの*Dinophysis* spp.において，環状翼片や縦溝翼片のない細胞が見つかり，これがシストではないかと疑われている．しかしながら底質中にこれらの形態の細胞が見つかった例はなく，耐環境性の真のシストであるのかについては疑問がもたれる．ただし，*Dinophysis*が有性生殖を行うことは確実であり，通常の大きさの細胞に，それよりも若干小型の細胞が取り込まれる様子

が何例か観察されている[34, 35]．その際，チューブ状の器官で相手方の細胞を取り込む例が報告されているが，最近筆者らは*D. fortii*において，全く別の取り込み機構を観察することに成功した[36]．その結果について簡単に述べる．

接合の初期には，通常型細胞と小型細胞が腹側（縦溝翼片のある側）で接し始める．その後，小型細胞の各翼片が縮み始め，ほとんど消失する．この時，通常細胞の上錘がヒンジの付いた蓋のように開き始める（図9·8）．その際，上部環状翼片と横溝板（C_3）の間が開口し，そこから小型細胞が丸ごと取り込まれてゆく．小型細胞は取り込まれる過程でその鎧板が急速に消化されるようで，通常細胞の細胞質に入り込んだ部分の鎧板はもはや消失している．取り込み終了後は通常細胞の上錘が完全に閉じ，細胞核同士の融合が継続する．ただし，この後のステージの変化は観察されず，シストを形成するかについては疑問が残る．なお，このように小型細胞が完全に取り込まれず，細胞質のみが通常細胞に取り込まれ融合するケースも多々観察される．有性生殖の失敗なのか，

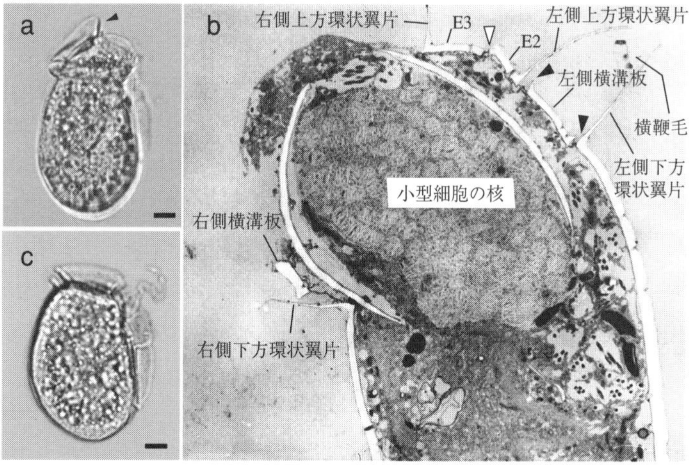

図9·8　通常型細胞による小型細胞の取り込み．（a）上錘（矢尻）を大きく開けて小型細胞を取り込む通常型細胞（光学顕微鏡像）．（b）取り込み過程の透過型電子顕微鏡像．通常細胞は右側横溝板と右側上方環状翼片の間を開けて小型細胞を取り込んでいる．同時に，上錘のE_3とE_2の間（白矢尻），右側横溝板の上下の縫合線（黒矢尻）にも隙間が開いている．通常型細胞の細胞質に入り込んだ小型細胞の細胞壁は，ほとんど消化されている．（c）取り込みが完了した通常型細胞．上錘は閉じられている（光学顕微鏡写真）．（Koikeら[36]を一部改編）．

もしくは小型細胞からの細胞質の獲得が通常細胞の生存にとって利益となるのかはわからない．いずれにせよ，これらの有性生殖や細胞質の融合は，細胞の維持を開始して2週間後以降に見られ始めたことから，悪化した環境を乗り切るための手段なのであろう．

§5．総合考察 ―― *D. fortii*の増殖機構 ――

これまでに述べた情報を元に，越喜来湾における*D. fortii*の増殖機構を推理してみた．まず，湾内（もしくは沿岸域）に常在する細胞が，春～初夏にかけての水温の上昇とともに従属栄養的に増殖する．この時の細胞には食胞が認められる．その後，三陸沿岸を南下し始めた津軽暖流が，より沖合の深層から来る親潮第一分岐によって沿岸側に，表層側に押され，沿岸表層水と混合し，水温10.5～13.5℃，塩分33.50～33.80の水塊（DF-water）を形成する．ここで*D. fortii*は増殖するのであるが，これよりも少し前の時期に形成された本混合水塊においては*Teleaulax*属のクリプト藻が増殖しており，既に*D. fortii*に取り込まれてその葉緑体として機能している．よって，DF-water内において*D. fortii*は十分な光合成を行い増殖することができる．この増殖群集が内部潮汐波などの作用により，貝類養殖海域である湾内に流入し，貝類の毒化を引き起こす．クリプト藻からの葉緑体の供給が絶たれ，なおかつ光合成による増殖の至適条件ではなくなれば，他生物の捕食を行い従属栄養的に生き延びることができる．もしくは，有性生殖，他細胞からの細胞質の獲得なども生存に関係するのであろう．ただし，ここに示したストーリーはまだ多くの想像の上に立っている．今後もフィールドでの観察を継続していくことが望まれる．

謝　辞

本稿をまとめるに際し，1995～2000年間の海洋学的データについては大学院生の吉田禎寿氏に，2001～2003年間の同データとFISH法の開発については高橋義明氏に，2004～2006年間のFISHデータと生活史の観察については西山麻美氏にご協力頂きました．また，TS解析においては元東京大学海洋研究所国際沿岸海洋研究センターの乙部弘隆先生に，沖合調査においては岩手県水産技術センター漁業調査船　北上丸の乗組員の皆様にご協力頂きました．ここに謝意を表します．本稿に紹介した研究の一部は，科学研究費補助金（No. 14704015および17380118）によって実施されました．

文　献

1）T. Yasumoto, Y. Oshima, W. Sugawara, Y. Fukuyo, H. Oguri, T. Igarashi, and N. Fujita: Identification of *Dinophysis fortii* as the causative organism of diarrhetic shellfish poisoning, *Nippon Suisan Gakkaishi*, 46, 1405-1411（1980）.

2）J. S. Lee, T. Igarashi, S. Fraga, E. Dahl, P. Hovgaard, and T. Yasumoto : Determination of diarrhetic shellfish toxins in various dinoflagellate species, *J. Appl. Phycol.*, 1, 147-152（1989）.

3）五十嵐輝夫：三陸沿岸，貝毒プランクトンの生態学（福代康夫編），恒星社厚生閣，1985，pp.71-81.

4）福代康夫：ディノフィシス，赤潮の科学（第二版）（岡市友利編），恒星社厚生閣，1997，pp.274-278.

5）K. Koike, H. Otobe, M. Takagi, T. Yoshida, T. Ogata, and T. Ishimaru: Recent occurrences of *Dinophysis fortii*（Dinophyceae）in the Okkirai bay, Sanriku, Northern Japan, and related environmental factors, *J. Oceanogr.*, 57, 165-175（2001）.

6）K. Hanawa and H. Mitsudera: Variation of water system distribution in the Sanriku coastal area, *ibid.*, 42, 435-446（1987）.

7）E. Granéli, D. M. Anderson, P. Carlsson, G. Finenko, S. Y. Maestrini, M. A. de M. Sampayo, and T. J. Smayda: Nutrition, growth rate and sensibility to grazing for the dinoflagellates *Dinophysis acuminata, D. acuta*, and *D. norvegica, La mer*, 33, 149-156（1995）.

8）小池一彦：下痢性貝毒原因プランクトンの分類・生態，月刊海洋，376，710-714（2001）.

9）R. B. Rivkin and H. H. Seliger: Liquid scintillation counting for ^{14}C uptake of single algal cells isolated from natural samples, *Limnol. Oceanogr.*, 26, 780-785（1981）.

10）E. Schnepf and M. Elbrächter : Cryptophycean-like double-membrane bounded chloroplast in the dinoflagellate, *Dinophysis* Ehrenb. evolutionary, phylogenetic and toxicological implications, *Bot. Acta*, 101, 196-203（1988）.

11）E. Schnepf and M. Elbrächter : Dinophyte chloroplasts and phylogeny : A review, *Grana*, 38, 81-97（1999）.

12）I.A.N. Lucas and M. Vesk : The fine structure of two photosynthetic species of *Dinophysis*（Dinophysiales, Dinophyceae）, *J. Phycol.*, 26, 345-357（1990）.

13）J. Larsen : An unltrastructural study of *Amphidinium poecilochroum*（Dinophyceae）, a phagotrophic dinoflagellate feeding on small species of cryptophytes, *Phycologia*, 27, 366-377（1988）.

14）T. Horiguchi and R. N. Pienaar : *Amphidinium latum*（Dinophyceae）, a sand-dwelling dinoflagellate feeding on cryptomonads, *Jpn. J. Phycol.*, 40, 353-363（1992）.

15）E.Schnepf, S.Winter, and D.Mollenhauer: *Gymnodinium aeruginosum*（Dinophyta）: a blue-green dinoflagellate with a vestigial, anucleate, cryptophycean endosymbiont, *Plant Syst. Evol.*, 164, 75-91（1989）.

16) L. W. Wilcox and G. J. Wedemayer : Dinoflagellate with blue-green chloroplasts derived from an endosymbiotic eukaryote, *Science*, 227, 192-194 (1985).

17) K. Koike: Mixotrophy of *Dinophysis fortii* : A strategy for growth in various environmental conditions, *Fish. Sci.*, 68 (Suppl 1), 529-532 (2002).

18) K.Takishita, K. Koike, T. Maruyama, and T. Ogata : Molecular evidence for plastid robbery (kleptoplastidy) in *Dinophysis*, a dinoflagellate causing diarrhetic shellfish poisoning, *Protist*, 153, 293-302 (2002).

19) Y. Takahashi, K. Takishita, K. Koike, T. Maruyama, T. Nakayama, A. Kobiyama, and T. Ogata: Development of molecular probes for *Dinophysis* (Dinophyceae) plastid: a tool to predict their blooming and to explore their plastid origin, *Mar. Biotechnol.*, 7, 95-103 (2005).

20) T. Tengs, O. J. Dahlberg, K. Shalchian-Tabrizi, D. Klaveness, K. Rudi, C. F. Delwiche, and K. S. Jakobsen : Phylogenetic analyses indicate that the 19'hexanoyloxy-fucoxanthin-containing dinoflagellates have tertiary plastids of haptophyte origin, *Mol. Biol. Evol.*, 17, 718-729 (2000).

21) S. Janson : Molecular evidence that plastids in the toxin-producing dinoflagellate genus Dinophysis originate from the free-living cryptophyte *Teleaulax amphioxeia, Environ. Microbiol.*, 6, 1102-1106 (2004).

22) S. Minnhagen and S. Janson : Genetic analyses of *Dinophysis* spp. support kleptoplastidy, *FEMS Microbiol. Ecol.*, 57, 47-54 (2006).

23) J. D. Hackett, L. Maranda, H. S. Yoon and D. Bhattacharya : Phylogenetic evidence for the cryptophyte origin of the plastid of *Dinophysis* (Dinophysiales, Dinophyceae), *J. Phycol.*, 39, 440-448 (2003).

24) K. Koike, H. Sekiguchi, A. Kobiyama, K. Takishita, M. Kawachi, K. Koike, and T. Ogata: A novel type of kleptoplastidy in *Dinophysis* (Dinophyceae) : Presence of haptophyte-type plastid in *Dinophysis mitra, Protist*, 156, 225-237 (2005).

25) T. Ishimaru, H. Inoue, Y. Fukuyo, T. Ogata, and M. Kodama: Culture of *Dinophysis fortii* and *D. acuminata* with the cryptomonad *Plagioselmis* sp., Mycotoxins and Phycotoxins, Special issue No.1. (eds. By K. Aibara, S. Kumagai, K. Ohtsubo, and T. Yoshizawa T), Jap. Ass. Mycotoxicol., Tokyo, 1988, pp 19-20.

26) G. Nishitani, H. Sugioka, and I. Imai: Seasonal distribution of the toxic dinoflagellates *Dinophysis* spp. in Maizuru Bay (Japan) and some comments on autofluorescence characteristics and attachment of picophytoplankton, *Harmful Algae*, 1, 253-264 (2002).

27) K. Koike, A. Nishiyama, K. Takishita, A. Kobiyama, and T. Ogata: Appearance of *Dinophysis fortii* following cryptophytes in Okkirai Bay, Japan, suggests the acquisition of plastids by *Dinophysis fortii* from certain crytophyte species, *Mar. Ecol. Prog. Ser.*, (in press).

28) G. M. Hallegraeff and I. A. N. Lucas: The marine dinoflagellate genus *Dinophysis* (Dinophyceae) : photosynthetic, neritic and non-photosynthetic, oceanic species, *Phycologia*, 27, 25-42 (1988).

29) K. Koike, K. Koike, M. Takagi, T. Ogata, and T. Ishimaru: Evidence of phagotrophy in *Dinophysis fortii* (Dinophysiales, Dinophyceae), a dinoflagellate that

causes diarrhetic shellfish poisoning (DSP), *Phycol. Res.*, 48, 121-124 (2000).
30) D. M. Jacobson and R. A. Andersen: The discovery of mixotrophy in photosynthesis species of *Dinophysis* (Dinophyceae) : light and electron microscopical observations of food vacuoles in *Dinophysis acuminata*, *D. norvegica* and two heterotrophic dinophysoid dinoflagellates. Phycologia, 33, 97-110 (1994).
31) P. J. Hansen : *Dinophysis*-a planktonic dinoflagellate genus which can act both as a prey and a predator of a ciliate, *Mar. Ecol. Prog. Ser.*, 69, 201-204 (1991).
32) M. G.Park, S. Kim, H. S. Kim, G. Myung, Y. G. Kang, and W. Yih: First successful culture of the marine dinoflagellate *Dinophysis acuminata*, *Aquat. Microb. Ecol.*, 45, 101-106 (2006).
33) L. Gisselson, P. Carlsson, E. Granéli, and J. Pallon: *Dinophysis* blooms in the deep euphotic zone of the Baltic Sea: Do they grow in the dark?, *Harmful Algae*, 1, 401-418 (2002).
34) L. MacKenzie : Does *Dinophysis* (Dinophyceae) have a sexual life cycle?, *J. Phycol.*, 28, 399-406 (1992).
35) T. Uchida, Y. Matsuyama, and T. Kamiyama: Cell fusion in *Dinophysis* fortii Pavillard, *Bull. Fish. Environ. Inland Sea*, 1, 163-5 (1999).
36) K.Koike, A.Nishiyama, K.Saitoh, K.Imai, K. Koike, A. Kobiyama, and T. Ogata: Mechanism of gamete fusion in *Dinophysis fortii* (Dinophyceae, Dinophyta) : Light microscopic and ultrastructural observation, *J. Phycol.*, 42, 1247-1256 (2006).

10. *Dinophysis* 属は下痢性貝毒の原因生物か？

西谷　豪*[1]・三津谷　正*[2]・今井一郎*[3]

下痢性貝毒の研究分野では，未だ多くの謎が残されている．主な原因生物としては，渦鞭毛藻の*Dinophysis*属に属する*D. fortii*，*D. acuminata*，*D. caudata*など11種が知られているが[1−3]，西日本沿岸域では，原因種とされる*D. fortii*が高密度で発生していても貝毒が検出されることはまずない．*Dinophysis*属は日本沿岸域に広く生息しているにも関わらず，なぜ主に北日本のみで下痢性貝毒が検出されるのかは非常に興味深い現象である．また，現場から大量に採取した*D. acuminata*細胞から下痢性貝毒成分が全く検出されなかった事例も報告されており[4]，このように*Dinophysis*属の発生量と貝の毒化の対応関係は極めて不明瞭であり，真の原因生物が他に存在する可能性も疑われている．

*Dinophysis*属に関してはいずれの種も培養に成功していないため，生活史・増殖生理・毒生産能といった基礎的な事項が未だ未解明のままである．これまでの幾つかの知見を整理すると，*Dinophysis*属の多くの種が混合栄養性（光合成と餌料摂取の両方が可能な性質）であることが知られているが[5−7]，その餌料生物は未だに特定されていない．また，天然海水中における*Dinophysis*属は，同じ種であっても時期や海域によって細胞内毒含有量が大きく変動する[8]．さらに，*Dinophysis*属を含まない天然海水中の微細粒子画分（0.45～5 μm）から下痢性貝毒成分が検出されている[9]．

これらの事例に基づき，筆者らは以下の仮説を提唱するに至った．「*Dinophysis*属の細胞自体は元来無毒であり，有毒な微小プランクトンを摂食することにより毒化しているのではないか」という考えを念頭に置き，*Dinophysis*属の生理生態に関する研究をスタートさせた．本稿では筆者らがこれまで行ってきた*Dinophysis*属の現場調査と培養実験に関する研究を紹介し，また*Dinoph-*

*1 （独）水産総合研究センター瀬戸内海区水産研究所
*2 青森県水産総合研究センター増養殖研究所
*3 京都大学大学院農学研究科

ysis 属以外の生物が下痢性貝毒の原因生物となっている可能性について検討する．

§1．青森県陸奥湾における *Dinophysis* 属と下痢性貝毒の検出状況

青森県陸奥湾はホタテガイの養殖が盛んな内湾であり，生産量は年間約8万t（全国では約50万t）にもおよび，日本一の生産量を誇っている．しかしながら，この陸奥湾では *Dinophysis* 属の発生に伴い下痢性貝毒によるホタテガイの毒化が多発し，毎年のように出荷の自主規制が行われてきた．陸奥湾で発生する *Dinophysis* 属の種としては *D. fortii* と *D. acuminata* が殆どであり，1980年から両種の発生量とホタテガイの毒量値との対応関係が調査されている．

図10･1に1980年から2006年までの陸奥湾野辺地定点における *Dinophysis* 属の年間最大細胞密度（cells / m*l*）と，マウス毒性試験により測定したホタテガイ中腸線の年間最大毒量値（MU / g）を示した．両者の変動は概ね一致しており，また長期的には両者ともに減少傾向にある．近年，陸奥湾においてなぜ *Dinophysis* 属（特に *D. fortii*）の発生量が減少傾向にあるのかは不明である．*D. fortii* が主に発生する底層（33 m）での水温・塩分について，年間

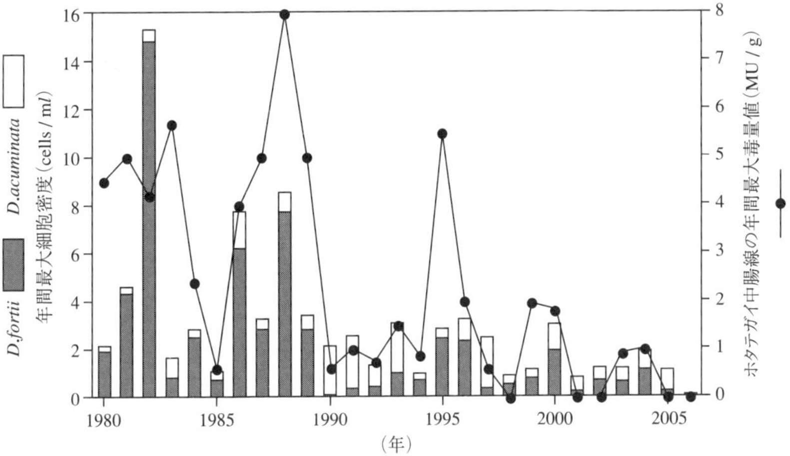

図10･1　1980～2006年の青森県陸奥湾野辺地定点における *Dinophysis* 属の年間最大細胞密度とホタテガイ中腸線の年間最大毒量値の推移．*Dinophysis* 属の細胞密度は表層から底層までの発生量を総計した．

の最低値と最高値の変動を調べてみたが，計測開始当時の1980年から2006年に至るまでほぼ横ばいであった．その他の理由としては，栄養塩の変化，餌料生物の減少，捕食者や外敵の増加などが考えられる．

1年を通して，*Dinophysis*属の発生量とホタテガイの毒量値が具体的にどのように変化するか，1986年を例として図10･2に示した．1986年の陸奥湾野辺地定点では，3～5月にかけては*D. acuminata*が，その後の6～8月にかけては*D. fortii*が主に出現していた．ホタテガイの毒量値は春先から初夏の間は*Dinophysis*属の発生量と概ね一致していたが，*D. fortii*の発生量が最盛期を迎えた7月14日ではホタテガイの毒量値は逆に減少した．その後，*Dinophysis*属の発生量が大きく減少した8月25日には，ホタテガイの毒量値が大きく増加した．このように*Dinophysis*属の発生量と貝の毒量値が対応しない現象は日本各地でしばしば見られる．*D. fortii*では，細胞内に含まれる毒量が時期によって大きく変動することが知られており[8]，このことが貝毒発生の予測を困難にしている大きな要因である．また陸奥湾での調査期間中，*Dinophysis*属が全く検出されないにも関わらず，ホタテガイが毒化する事例が幾つかあり，*Dinophysis*属以外にも原因生物が存在する可能性が示唆された．

実際の現場における具体的な対処法としては，ホタテガイの垂下養殖を上層で行うことが最も有効な手段であろう．*D. fortii*は中層から底層にかけて局在

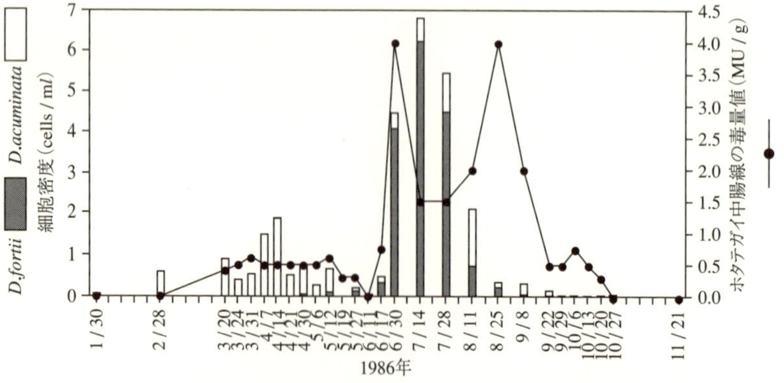

図10･2　1986年の青森県陸奥湾野辺地定点における*Dinophysis*属の細胞密度とホタテガイ中腸線の毒量値の推移．*Dinophysis*属の細胞密度は表層から底層までの発生量を総計した．

する傾向があり，上層で養殖したホタテガイのほうが低毒であることが知られている[10]．今後，毒化の被害を完全に防ぐためには，*Dinophysis*属の生理生態を明らかにし，合わせて他の原因生物の探索を行うことによって，下痢性貝毒発生のメカニズムを解明することが必要であろう．

§2. *Dinophysis*属の生態と餌料生物との関係

*Dinophysis*属が餌料を摂食しているのであれば，現場における両者の出現動態には何らかの関連性が見られるはずである．*Dinophysis*属の餌料生物を特定するために，筆者らは日本沿岸各地（京都府舞鶴湾，青森県陸奥湾，三重県伊勢湾，広島県広島湾，大分県小蒲江湾）から海水試料を定期的に入手し，*Dinophysis*属および餌料となり得る他の小型プランクトン（藍藻，クリプト藻，ナノ・ピコプランクトン）の出現動態を詳細に調査した[11]．その結果，葉緑体の長径が5 μm以下のクリプト藻の出現量と*Dinophysis*属の出現量との間に高い相関があることを明らかにした．

2003年に行った三重県伊勢湾で行った上記の調査結果を図10·3に示した．伊勢湾の調査定点では*D. acuminata*と*D. caudata*が*Dinophysis*属の主要種

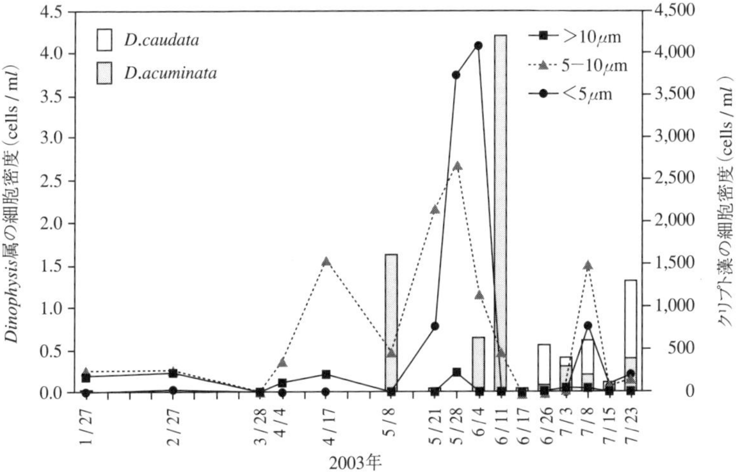

図10·3　2003年の三重県伊勢湾における*Dinophysis*属とクリプト藻の細胞密度の推移．各細胞密度は表層のみ．クリプト藻は葉緑体の長径によって3グループに分けて計数した．

であった（一般に北日本では*D. fortii*と*D. acuminata*が，西日本では*D. acuminata*と*D. caudata*が多く出現する）．*Dinophysis*属の発生量は，クリプト藻以外のナノプランクトン，真核性ピコプランクトン，藍藻の発生量とは関連性が見出せなかった．しかしながら，*Dinophysis*属の発生前には小型（＜5 μm）のクリプト藻（伊勢湾では中型サイズも含む）の発生が見られ，*Dinophysis*属の増殖に伴い小型クリプト藻の発生量は大きく減少した．この結果から，*Dinophysis*属が小型サイズのクリプト藻を摂食している可能性が示唆されたため，筆者らは実際に現場から5 μm以下のクリプト藻の単離を何度か試みた．しかしながら，単離されるクリプト藻はいずれも10 μm前後の種ばかりであった．今後は両者の関係をさらに明確にするためにも，小型クリプト藻の種の特定と現場からの分離培養が必要であろう．

現場から採取した*Dinophysis*属細胞について，幾つかの興味深い現象を観察した．*Dinophysis*属の細胞内色素体について，年間を通して蛍光顕微鏡（*Blue*励起光）により観察した結果，色素体の蛍光特性（色合い）が時期により大きく変化していることが判明した[12]．*Dinophysis*属の色素体が餌料生物由来であるとすると，*Dinophysis*属が周囲の状況によって摂食栄養への依存性を変化させている結果であると考えられる．さらに興味深い現象として，*Dinophysis*属数種の細胞表面に多数の真核性ピコプランクトンの付着が認められた（図10·4）[13]．この真核性ピコプランクトンの種は不明であるが，直径

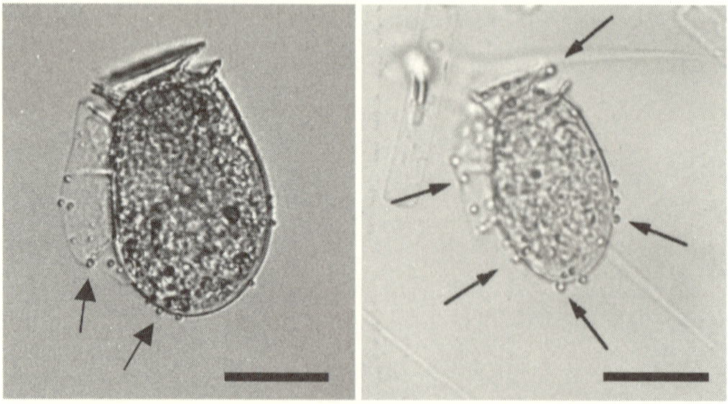

図10·4　真核性ピコプランクトン（矢印）を細胞表面に付着させた*D. fortii*（左）と*D. acuminata*（右）．Scale bar = 20 μm.

は1～2 μm 程度であり，*Blue* 励起光下において赤色蛍光を示した．*Dinophysis* 属の近縁種には，藍藻を共生体として細胞に付着させている種が知られており[14, 15]，筆者らが観察した付着現象が共生なのか，あるいは*Dinophysis* 属による摂食過程の一部なのかを今後確認する必要がある．いずれにせよ，クリプト藻以外にも真核性のピコプランクトンが*Dinophysis* 属の培養に必要である可能性が示唆された．

§3．*Dinophysis* 属の培養の試み

Dinophysis 属の培養を成功させることは非常に大きな意味をもつ．培養が可能になれば本種の生理生態のみならず，毒生産能が明らかになる．つまり，*Dinophysis* 属が真の原因生物であるか否かが判明する．*Dinophysis* 属の培養実験はこれまで世界各国の研究者により試みられてきたが，いかなる培養条件下においても成功に至っていない[16－18]．

筆者らはこれまで行ってきた現場調査の結果を踏まえ，特に小型サイズの餌料生物を*Dinophysis* 属に添加する培養実験を試みてきた．その結果，*D. acuminata* を1細胞から57細胞にまで増殖させることに成功し（培養維持期間は62日），この時添加した餌料は意外にも小型珪藻*Thalassiosira* sp.（殻径5 μm 程度）であった（図10･5）．本命であると思われたクリプト藻の添加による*D. acuminata* の増殖は，せいぜい1細胞から10細胞程度であった．しかしながら，*D. fortii* の培養実験で最もよい結果を得たのは，クリプト藻の*Chroomonas* sp. を添加した場合であり，1細胞から12細胞に増殖した．また，*D. caudata* の培養実験では非常に興味深い現象が観察された．最もよい結果を得たのは真核性ピコプランクトンを添加した場合であり，*D. caudata* は1細胞から28細胞に増殖した．この*D. caudata* の培養実験中に，これまで別種として記載されていた*D. diegensis* 様の小型細胞が出現することを確認した（図10･6）[19]．このことは*D. diegensis* 様細胞の出現が*D. caudata* の生活史における1つのステージであることを示す．また，*D. caudata* を48ウェルマイクロプレート（培養液1 m*l*）で培養している際には*D. diegensis* 様の細胞は全く出現しなかったのだが，50 m*l* の三角フラスコ（培養液25 m*l*）に*D. caudata* を移し変えた直後に*D. diegensis* 様の細胞が多数出現した．どういった要因が

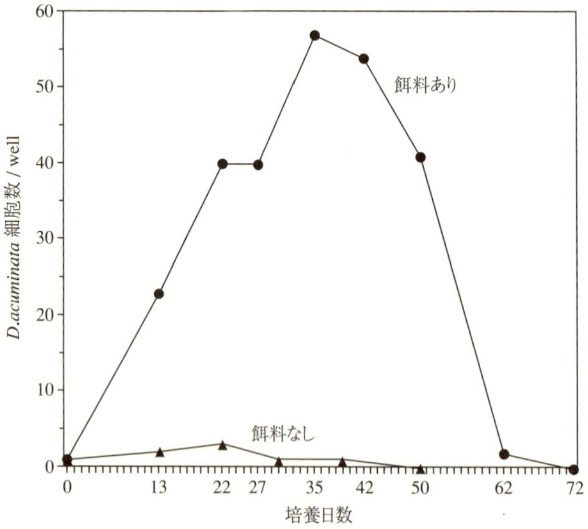

図10･5　*D. acuminata* の培養実験. 培養液は1/50に希釈したSWM-3, 餌料生物は小型珪藻を用いた. 餌料生物には超音波破砕と冷凍処理を施している. *D. acuminata* の培養は1細胞から開始し, 餌料生物は9, 24, 50日目に添加した. 餌料なしの実験区では培養液のみ.

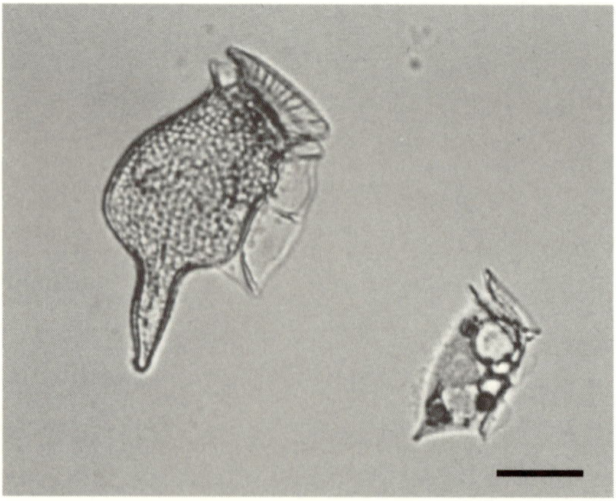

図10･6　*D. caudata*（左）の培養中に出現した *D. diegensis* 様の小型細胞（右）. Scale bar = 20 μm. *D. caudata* の培養は1細胞から開始し, 同培養液中に小型細胞が多数出現した.

異型細胞出現の引き金になっているかの検討は今後の課題である．

*Dinophysis*属の培養には引き続き多くの問題点が残されている．餌料生物のさらなる探索や添加方法，あるいは*Dinophysis*属の培養液や植え継ぎ方法なども検討しなければならず，今後の新たな展開が期待される．

§4．*Dinophysis*属以外の下痢性貝毒原因生物の可能性

ここで，*Dinophysis*属以外の下痢性貝毒原因生物（あるいは物質）の存在についての検討を行う．現在，下痢性貝毒の検査を行う際には，まず二枚貝から毒成分を抽出し，成熟マウス腹腔内へ投与する致死活性測定法が公定法として厚生省により定められている．しかしながら，この方法では構造と作用の異なる複数の毒成分を識別できない問題点がある．さらに，夾雑する遊離脂肪酸も下痢性貝毒成分と同様にマウスに対し陽性を示してしまう．下痢性貝毒成分には大きく分けて，オカダ酸（OA）とその類縁体であるディノフィシストキシン群（DTX），ペクテノトキシン群（PTX），イェッソトキシン群（YTX）が存在する．OAは黒磯海綿の一種（*Halichondria okadai*および*H. melanodocia*）から発見され[20]，*Dinophysis*属や底生性渦鞭毛藻の*Prorocentrum lima*からも検出されている[21, 22]．DTXやPTXは，*D. fortii*や*D. acuminata*から検出され[23, 24]，また最近では，底生性渦鞭毛藻の*Coolia monotis*からOA，DTXが検出されている[25]．*P. lima*や*C. monotis*は海藻や底泥などの表面に付着して生息する．比較的高水温を好むこの両種は北日本では発生量が非常に少なく，下痢性貝毒に関与している可能性は低いと考えられるが，西日本海域において極稀に検出される下痢性貝毒には，こういった底生性渦鞭毛藻が関与している可能性がある．YTXは渦鞭毛藻の*Protoceratium reticulatum*から検出されている[26]．最近の研究により，青森県陸奥湾において*P. reticulatum*が春先に多量に存在し，YTXの検出量との間に高い相関があることが示された[27]．以上述べたように，従来のマウス毒性試験では毒成分の識別ができない欠点があったが，最近では各毒成分を識別して検出できる液体クロマトグラフィー／質量分析法（LC-MS）の有効性が実証され[28]，各試験場への導入が始まっている．

さらに天然海水中に存在する小型粒子画分（0.45～5 μm）から下痢性貝毒成分（OA，DTX-1，DTX-3）を検出した報告がある[9]．筆者らの研究におい

ても，2000 年の青森県陸奥湾野辺地定点における小型粒子画分（0.7～5 μm）の毒量値をELISA 法（酵素免疫測定法）により測定した結果，同様の毒成分が含まれていたことを確認した（図10･7）[29]．これらの結果は，「*Dinophysis* 属の細胞自体は元来無毒であり，有毒な微小プランクトンを摂食することにより毒化しているのではないか」という上述した仮説を支持するものと思われる．この仮説に拠るならば，*Dinophysis* 属の発生量と毒化の時空間的バラツキも合理的に説明が可能となる．今後は小型粒子画分に含まれる有毒微細粒子（微生物）の同定とそのモニタリングも必要であろう．

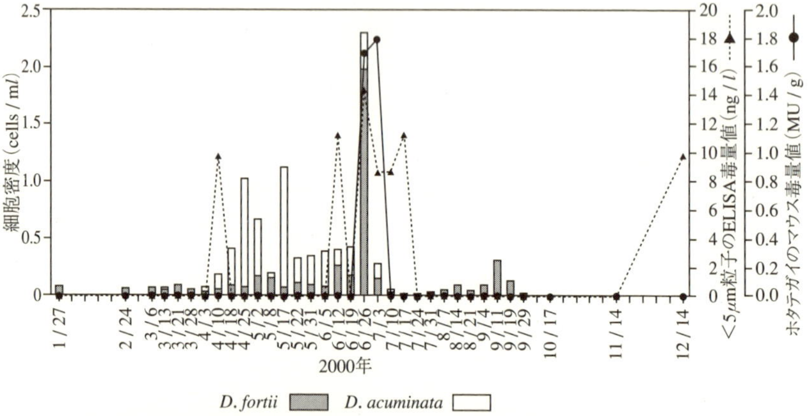

図10･7　2000 年の青森県陸奥湾における *Dinophysis* 属の細胞密度，ホタテガイ中腸線の毒量値（マウス毒性試験），5 μm 以下粒子の毒量値（ELISA 法）の推移．*Dinophysis* 属の細胞密度は表層から底層までの発生量を総計した．

以上述べたように，下痢性貝毒成分を保有する生物は *Dinophysis* 属以外にも多数存在する．また，遊離脂肪酸等による誤認の可能性もある．*Dinophysis* 属が下痢性貝毒の主要な原因生物であることは確かであるが，時期や海域によっては他の原因生物や遊離脂肪酸が主要因となっているケースも十分考えられる．よって，まずは現場と時期に合わせた原因生物と毒成分の特定を行い，それを考慮したモニタリング体制を確立することが重要であろう．

文　献

1）J.-S. Lee, T. Igarashi, S. Fraga, E. Dahl, P. Hovgaard, and T. Yasumoto: Determination of diarrhetic toxins in various dinoflagellate species, *J. Appl. Phycol.*, 1, 147-152（1989）.

2）S. Y. Maestrini: Bloom dynamics and ecophysiology of *Dinophysis* spp., *In* : "Physiological Ecology of Harmful Algal Blooms"（ed. by D. M. Anderson, A. D. Cembella, and G. M. Hallegraeff）, NATO ASI Series, Vol. G 41, Springer-Verlag, Berlin, 1998, pp.243-265.

3）A. N. Marasigan, S. Sato, Y. Fukuyo, and M. Kodama: Accumulation of a high level of diarrhetic shellfish toxins in the green mussel *Perna viridis* during a bloom of *Dinophysis caudata* and *Dinophysis miles* in Sapian Bay, Panay Island, the Philippines, *Fish. Sci.*, 67, 994-996（2001）.

4）G. Hoshiai, T. Suzuki, T. Onodera, M. Yamasaki, and S. Taguchi: A case of non-toxic mussels under the presence of high concentrations of toxic dinoflagellate *Dinophysis acuminata* that occurred in Kesennuma Bay, northern Japan, *ibid*, 63, 317-318（1997）.

5）B.R. Berland, S.Y.Maestrini, C.Bechemin, and C. Legrand: Photosynthetic capacity of the toxic dinoflagellates *Dinophysis* cf. *acuminata* and *Dinophysis acuta, La mer*, 32, 107-117（1994）.

6）D. M. Jacobson, and R. A. Andersen: The discovery of mixotrophy in photosynthetic species of *Dinophysis*（Dinophyceae）: light and electron microscopical observations of food vacuoles in *Dinophysis acuminata, D. norvegica* and two heterotrophic dinophysoid dinoflagellates, *Phycologia*, 33, 97-110（1994）.

7）K.Koike, K.Koike, M. Takagi, M. Takagi, T. Ogata, and T. Ishimaru: Evidence of phagotrophy in *Dinophysis fortii*（Dinophysiales, Dinophyceae）, a dinoflagellate that causes diarrhetic shellfish poisoning（DSP）, *Phycol. Res.*, 48, 121-124（2000）.

8）T. Suzuki, T. Mitsuya, M. Imai, and M. Yamasaki: DSP toxin contents in *Dinophysis fortii* and scallops collected at Mutsu Bay, Japan, *J. Appl. Phycol.*, 8, 509-515（1997）.

9）佐藤　繁・坂本節子・緒方武比古・植田至範・児玉正昭：貝類毒化モニタリングの現状と問題点，沿岸海洋研究ノート，32，69-79（1994）.

10）田中俊輔・青山禎夫・今井美代子・尾坂康・高林信雄：ホタテガイの垂下水深および活力が下痢性貝毒の毒量変化に及ぼす影響，青水増事業報告，14，259-268（1985）.

11）G.Nishitani, M.Yamaguchi, A.Ishikawa, S. Yanagiya, T. Mitsuya, and I. Imai: Relationships between occurrences of toxic *Dinophysis* species（Dinophyceae）and small phytoplanktons in Japanese coastal waters, *Harmful Algae*, 4, 755-762（2005）.

12）G. Nishitani, H. Sugioka, and I. Imai: Seasonal distribution of species of the toxic dinoflagellate genus *Dinophysis* in Maizuru Bay（Japan）with comments on their autofluorescence and attachment of picophytoplankton, *ibid*, 1, 253-264（2002）.

13）I. Imai, and G. Nishitani: Attachment of picophytoplankton to the cell surface of the toxic dinoflagellates *Dinophysis acuminata* and *D. fortii, Phycologia*, 39, 456-459（2000）.

14）G. M. Hallegraeff, and S. W. Jeffrey: Tropical phytoplankton species and pigments of continental shelf waters of north and north-west Australia, *Mar. Ecol. Prog. Ser.*, 20, 59-74（1984）.

15）N.Gordon, D.L.Angel, A.Neori, N.Kress, and B. Kimor: Heterotrophic dinoflagellates with symbiotic cyanobacteria and nitrogen limitation in the Gulf of Aqaba, *ibid*, 107, 83-88（1994）.

16）T. Ishimaru, H. Inoue, Y. Fukuyo, T. Ogata, and M. Kodama: Culture of *Dinophysis fortii* and *D. acuminata* with the cryptomonad, *Plagioselmis* sp., *In*: "Mycotoxins and Phycotoxins"（ed. by K. Aibara, S. Kumagai, K. Ohtsubo, and T. Yoshizawa）, Jap. Ass. Mycotoxicol., Tokyo, 1988, pp.19-20.

17）S. Y. Maestrini, B. R. Berland, D. Grzebyk, and A. M. Spanò: *Dinophysis* spp. cells concentrated from nature for experimental purposes, using size fractionation and reverse migration, *Aquat. Microb. Ecol.*, 9, 177-182（1995）.

18）M. A. de M. Sampayo: Trying to cultivate *Dinophysis* spp., *In*:"Toxic Phytoplankton Blooms in the Sea"（ed. by T.J. Smayda, and Y. Shimizu）, Elsevier, Amsterdam, 1993, pp.807-810.

19）G. Nishitani, K. Miyamura, and I. Imai: Trying to cultivation of *Dinophysis caudata*（Dinophyceae）and the appearance of small cells, *Plankton Biol. Ecol.*, 50, 31-36（2003）.

20）K. Tachibana, PJ. Scheuer, Y. Tsukitani, H. Kikuchi, D. Vanengen, J. Clardy, Y. Gopichand, and FJ. Schmitz: Okadaic acid, a cyto-toxic polyether from 2 marine sponges of the genus *Halichondria, J. Amer. Chem. Soc.*, 103, 2469-2471（1981）.

21）T. Yasumoto: Marine microorganisms toxins-an overview, In: "Toxic Marine Phytoplankton"（ed. by E. Granéli, B. Sundstrom, L. Edler, and D. M. Anderson）, Elsevier, Amsterdam, 1990, pp.3-8.

22）Y. Murakami, Y. Oshima, and T. Yasumoto: Identification of okadaic acid as a toxic component of a marine dinoflagellate *Prorocentrum lima, Nippon Suisan Gakkaishi*, 48, 69-72（1982）.

23）M. Murata, M. Shimatani, H. Sugitani, Y. Oshima, and T. Yasumoto: Isolation and structural elucidation of the causative toxin of the diarrhetic shellfish poisoning, *ibid*, 48, 549-552（1982）.

24）L.Mackenzie, V.Beuzenberg, P.Holland, P. McNabb, T. Suzuki, and A. Selwood: Pectenotoxin and okadaic acid-based toxin profiles in *Dinophysis acuta* and Dinophysis *acuminata* from New Zealand, *Harmful Algae*, 4, 75-85（2005）.

25）松山洋平：三重県沿岸域における下痢性貝毒の発生機構に関する研究，京都大学大学院農学研究科修士論文，22-23（2005）.

26）M. Satake, T. Ichimura, K. Sekiguchi, S. Yoshimatsu, and Y. Oshima: Confirmation of yessotoxin and 45, 46, 47-trinoryessotoxin production by *Protoceratium reticulatum* collected in Japan, *Natural Toxins*, 7, 147-150（1999）.

27）高坂祐樹：陸奥湾における下痢性貝毒の発生予測に向けて，青森県水産総合研究センター増養殖研究所だより，105，4-5（2005）.

28）T. Suzuki, T. Jin, Y. Shirota, T. Mitsuya, Y. Okumura, and T. Kamiyama: Quantification of lipophilic toxins associated with diarrhetic shellfish poisoning in Japanese bivalves by liquid chromatography-mass spectrometry and comparison with mouse bioassay, *Fish. Sci.*, 71, 1370-1378（2005）.

29）I. Imai, H. Sugioka, G. Nishitani, T. Mitsuya, and Y. Hamano: Monitoring of

DSP toxins in small-sized plankton fraction of seawater collected in Mutsu Bay, Japan, by ELISA method: relation with toxin contamination of scallop, *Mar. Poll. Bull.*, 47, 114-117（2003）.

11. 現場海域における貝毒モニタリングと二枚貝毒化軽減および毒化予察の試み

宮 村 和 良[*1]・馬 場 俊 典[*2]

1980年前半にピークを迎えた採貝漁業は，環境変化や干潟の減少，乱獲などによって資源量は激減し，漁業者は天然二枚貝の漁獲のみでは生計を立てられない厳しい状況である．さらに安価な輸入二枚貝の流通や流通形態の変化により，二枚貝の浜値は低迷しその影響は天然二枚貝だけでなく，養殖二枚貝の生産に大きな打撃を与えている．このように，国内の天然・養殖二枚貝産業は資源の枯渇，浜値の低迷によって厳しい状況を強いられている．一方，二枚貝の利用は，自然・環境志向の高まり，食への安全性に対する意識の向上によって，その利用形態も変化してきている．自然・環境志向の高まりは，漁業を通した自然学習いわゆる体験型漁業（ブルーツーリズム）の需要を増加させ，各沿岸域では潮干狩りが注目され，天然二枚貝は単なる水産資源ではなく，観光資源として利用されている．また食への安全性に対する意識の高まりは，産地表示の義務化や流通経路の明確化（トレーサビリテイー）など法制度の整備が推進され，国内の二枚貝養殖産業はブランド化やインターネットを用いた直接販売により，消費者ニーズに対応し活路を見いだしている．このように，国内の二枚貝の利用および産業はこれまでの単なる食料供給の役割から，観光への利用や安全な食材の供給先としての地位を確立している．しかしながら，貝毒の発生は以前に比べ長期化，広域化する傾向にあり，その影響は従来の出荷規制などの直接的な漁業被害などに加え，報道による観光客の減少や安全性へのマイナスイメージなど，その風評被害は格段に大きくなっている．このようなことから，現場からは貝毒被害の軽減の点から貝毒発生予察およびその対策が，これまで以上に切望されている．今回の報告する2つの事例は，大分県猪串湾・小蒲江湾で出現する麻痺性貝毒（PSP）原因プランクトン *Gymnodinium*

[*1] 大分県東部振興局農山漁村振興部
[*2] 山口県水産研究センター内海研究部

catenatum と山口県徳山湾で出現する *Alexandrium catenella* について貝毒の発生が頻発する海域における，現場の状況に応じた毒化予察や毒化の軽減対策について述べる.

§1. *Gymnodinium catenatum* の発生予察から養殖ヒオウギガイの毒化の軽減

大分県におけるヒオウギガイ養殖は主に南部海域の小蒲江湾（図11･1（A））で主に行われている．この海域では1996年に初めて *G. catenatum* の出現が確認され[1]，その後毎年のように *G. catenatum* の出現と二枚貝の毒化が確認されている[2]．ここでは現場における *G. catenatum* の出現特性を示し，その結果から現場のモニタリング体制の確立およびヒオウギガイ毒化軽減対策の事例について紹介する.

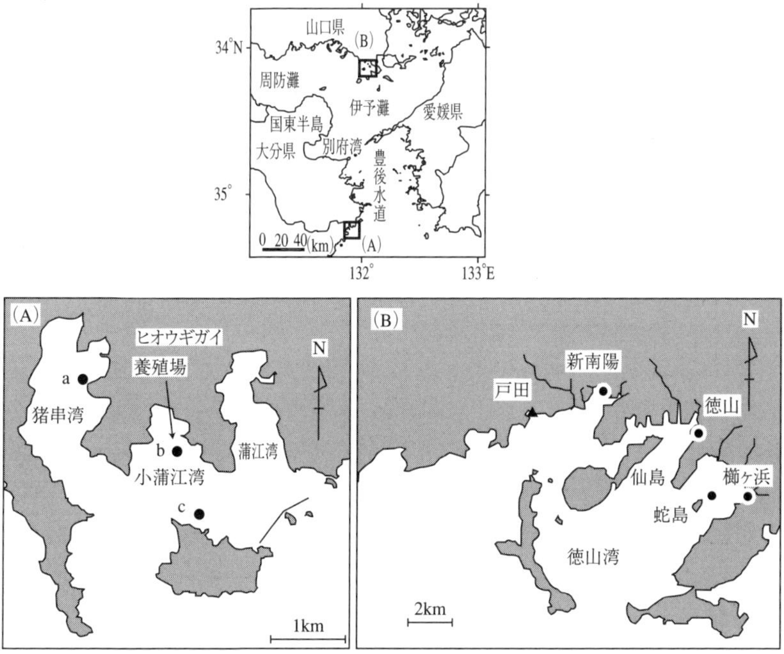

図11･1　大分県猪串・小蒲江湾と山口県徳山湾の位置とサンプリング調査点.

1·1 *G. catenatum*の出現とヒオウギガイの毒化

1）*G. catenatum*の出現状況

2000年1月から2003年12月の期間に猪串湾奥での*G. catenatum*遊泳細胞の推移を図11·2に示した．*G. catenatum*栄養細胞はN.D.（＜6 cells / *l*）~1.9×104 cells / *l*で推移し，ほぼ周年検出された．ブルーム（10^2 cells / *l*以上）は年に2～3回確認され，2～4月の期間のブルームが最も細胞密度が高く，かつ長期間継続した．次に2000年2月7日から6月5日における*G. catenatum*の水平分布の推移を図11·3に示した．調査初期の2000年2月7日には10^2 cells / *l*以上の遊泳細胞が猪串湾奥のみで確認され，その後，徐々に遊泳細胞の分布域が広がり，3月6日には猪串湾に加え，小蒲江湾でも遊泳細胞が確認された．その後，猪串湾奥の遊泳細胞が急激に増加し，3月27日には調査期間中最高密度の7.8×10^3 cells / *l*に達した．4月3日には猪串湾内の細胞密度は減少したが，猪串湾外の調査点では細胞密度が増加し，全域で栄養細胞が確認された．4月17日には猪串湾奥の細胞密度は低下し，小蒲江湾で遊泳細胞の増加が確認された．その後，徐々に全域で細胞密度は低下し，5月1日には全域で10^2 cells / *l*未満の低密度になった．2000年冬季～春季に猪串湾，小蒲江湾で出現した*G. catenatum*は，先に猪串湾奥で増加し，その後，分布域を拡大し

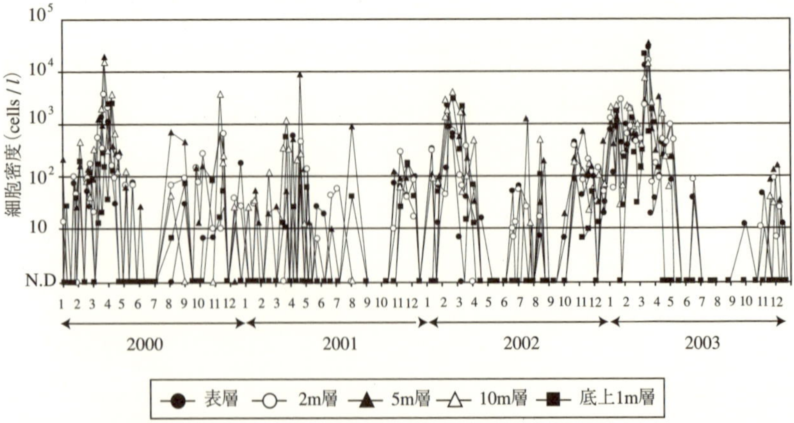

図11·2　2000年1月から2003年12月における猪串湾奥で出現した各層*G. catenatum*細胞密度（cells / *l*）の推移.

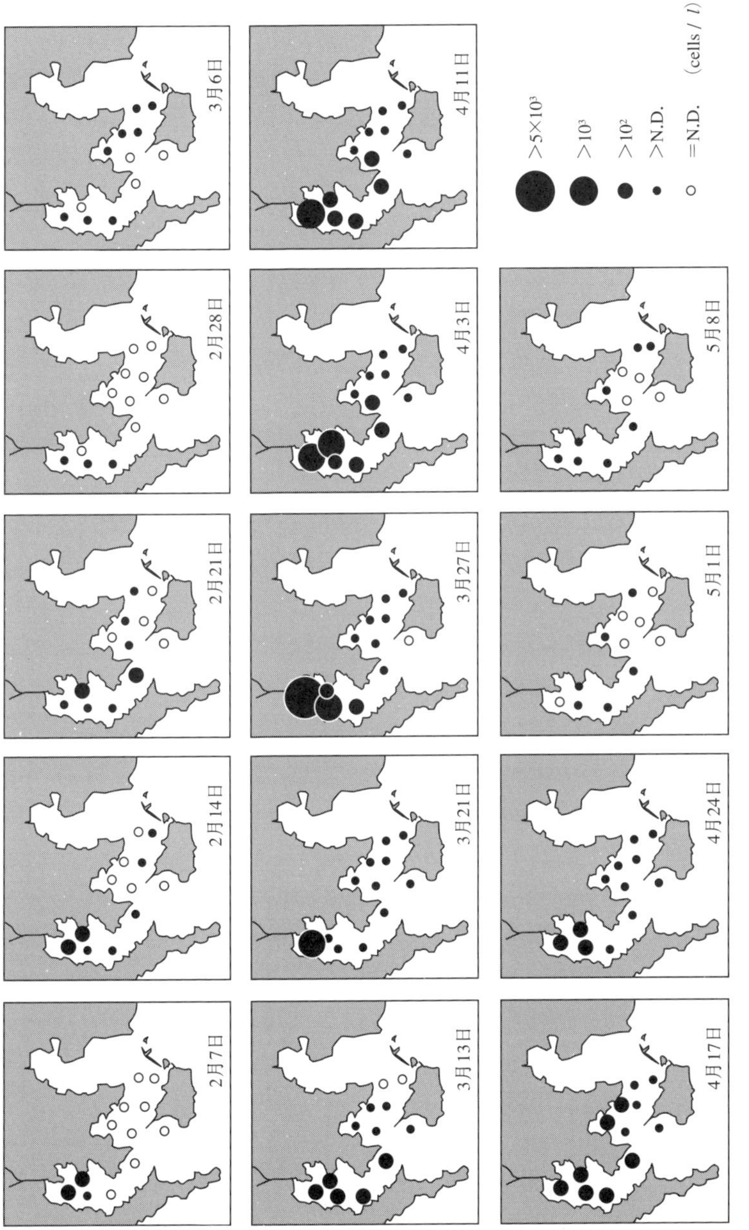

図11·3　2000年2月7日～4月20日に猪串湾，小蒲江湾で出現が確認された *G. catenatum* の各点鉛直平均細胞密度の推移（各点細胞密度は表層，2m層，5m層，10層，底上1mで出現した平均値を示す）．

小蒲江湾で細胞密度が増加するものと考えられた．2003年，2004年の本種の出現時[3, 4]にも同様な傾向が確認されていることから，冬季～春季に猪串湾，小蒲江湾で出現する*G. catenatum*の個体群は先に猪串湾奥で増加し，その後，分布域を拡大し小蒲江湾で細胞密度が増加するものと考えられる．以上，猪串湾で出現する*G. catenatum*は周年栄養細胞の状態で存在し，冬季～春季に猪串湾奥で増加した後，周辺海域に分布域を拡げるものと考えられる．

2）*G. catenatum*によるヒオウギガイの毒化と減衰

小蒲江湾の養殖場に垂下したヒオウギガイ中腸腺の毒力と麻痺性原因プランクトンの推移について図11·4に示した．*A. catenella*はN.D.（N.D.は1.7 cells / *l* 以下）～12.1 cells / *l*，*G. catenatum*はN.D.～103 cells / *l*でそれぞれ推移した．ヒオウギガイ中腸腺の毒力は概ね*G. catenatum*細胞密度の増加に伴い増加したことから，ヒオウギガイ毒力増加の原因は*G. catenatum*を取り込んだことによると考えられた．ヒオウギガイ毒力は*G. catenatum*細胞密度が約30 cells / *l*以上のときにPSP毒成分の蓄積が確認され，その最高値（41.0 MU / g）は*G. catenatum*遊泳細胞密度のピーク後，3週間後の5月8日に確認された．同湾における*G. catenatum*細胞密度とヒオウギガイ毒力のピークのずれは1997年でのTakataniら[1]の報告でも，同様な傾向が確認されている．このことから，ヒオウギガイの毒力は，*G. catenatum*がピークに達した後も増加し，その後，遅れてピークに達する傾向があると考えられる．二枚

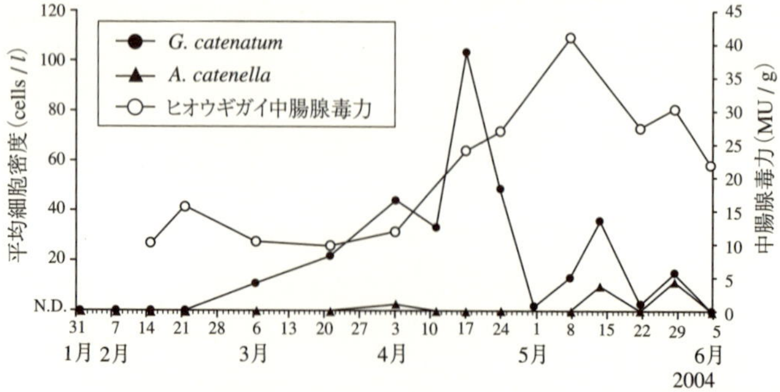

図11·4　2004年1月31日～6月5日に小蒲江湾ヒオウギガイ養殖場で観測された麻痺性貝毒原因プランクトン*Alexandrium catenella*と*Gymnodinium catenatum*の推移とヒオウギガイ中腸腺毒力の推移．

貝に蓄積された毒は化学反応，酵素反応によって弱毒成分から強毒成分に毒性分が換わること[5－9]，*G. catenatum* は細胞内毒力が変動し，その値が高い場合，ヒオウギガイの毒の蓄積が促進されることが報告されており[10]，プランクトン細胞密度とヒオウギガイの毒力のズレは，ヒオウギガイ体内の毒性分の変換，または *G. catenatum* 細胞内毒力の増加によって毒の蓄積が促進された，もしくは両方が影響したものと考えられる．次にヒオウギガイ毒力の減衰について検討した．ヒオウギガイが毒力のピーク（41.0 MU / g）に達し，その後 *G. catenatum* が低密度で推移していたにもかかわらず，約1ヶ月後の6月5日でも21.8 MU / gと約50％以上の毒が蓄積していた．池田ら[11]の報告によると，仙崎湾においてマガキ，アサリ，ムラサキイガイ，ウチムラサキ，アカガイ，イタヤガイを懸垂して毒化と解毒の推移を観察したところ，最高毒力はムラサキイガイとイタヤガイで高く，前者は *G. catenatum* の細胞密度が低下するについて速やかに解毒するものの，イタヤガイはブルーム終了から2ヶ月間以上毒を保持していたという．同じイタヤガイ科のホタテガイにおいても長期間毒を保持することが知られていることから，ヒオウギガイも同様に長期間毒を保持する生理的特性を有していると考えられる．以上のことから，*G. catenatum* によるヒオウギガイの毒化は，30 cells / *l* 程度の低密度で毒の蓄積が始まり，その毒力のピークはプランクトンのピークから遅れて確認され，その減衰には比較的時間を要すると考えられた．

1･2 *G. catenatum* によるヒオウギガイ毒化予察と毒化軽減対策

1）*G. catenatum* によるヒオウギガイ毒化予察

現場で *G. catenatum* によるヒオウギガイの毒化予察を行うには，原因プランクトンの出現メカニズムを基にしたプランクトンモニタリング体制の整備，原因プランクトンによるヒオウギガイ毒化の特徴を把握し，現場でプランクトンとヒオウギガイの毒力の両方を監視できるモニタリング体制を整備する必要がある．先述したとおり，小蒲江湾で養殖ヒオウギガイを毒化させる *G. catenatum* は隣接する猪串湾で周年出現が確認され，冬季から春季の比較的低水温期に猪串湾奥で増加し，その後小蒲江湾へ分布域を拡大することが明らかとなっている．このことから小蒲江湾での *G. catenatum* のモニタリングには，小蒲江湾だけでなく，隣接する猪串湾で周年 *G. catenatum* を監視する必要があり，特に冬季から春季には*G. catenatum*個体群を重点的に監視する必要がある．また*G. catenatum*によるヒオウギガイの毒化および減衰では，ヒオウギガイの毒成分の蓄積は，本種が小蒲江湾養殖場で平均細胞密度30 cells / *l*を超える頃から確認され，その毒力のピークは*G. catenatum*細胞密度が減少した後，数週間後に確認され，かつ一度蓄積した毒は減衰に時間を要することがあげられる．以上のことから，小蒲江湾で*G. catenatum*による養殖ヒオウギガイの毒化予察を行うには，①プランクトンモニタリングは周年，猪串湾から小蒲江湾で行い，特に冬季から春季は調査を強化し毎週調査を行う必要がある．②ヒオウギガイの毒力の測定は，小蒲江湾で*G. catenatum*の出現密度が30 cells / *l*以上に達した時から始め，その後，細胞密度が30 cells / *l*以下に減少しても約1ヶ月間は監視する必要がある．

2）ヒオウギガイ毒化軽減対策（漁場によるヒオウギガイ毒力の違い）

現場で実施が可能なヒオウギガイの毒化軽減対策として，*G. catenatum*が高密度に出現する時期に現状の養殖場より，*G. catenatum*細胞密度の少ない海域に避難し，毒成分の蓄積をできるだけ軽減する対策が考えられる．過去の出現分布によると南方1 km先の海域で*G. catenatum*が低密度で推移することが確認されていることから，現在の養殖漁場から低密度の海域へ養殖ヒオウギガイを移動することによって従来の養殖場より毒力の増加を抑えることが期待される．ここでは，*G. catenatum*低密度海域（避難漁場候補地）の効果を検討するため図11･1に示す養殖場（Sta.b），避難漁場候補地（Sta.c），*G. catenatum*増殖域の猪串湾奥（Sta.a）にヒオウギガイを飼育し，各海域で出現する*G. catenatum*細胞密度，海水懸濁物PSP濃度，ヒオウギガイ毒力の推移から避難漁場の効果について検討した．図11･5に各調査点の平均細胞密度，海水懸濁物PSP濃度，ヒオウギ貝中腸腺毒力の結果を示した．平均細胞密度はSta.a：83～8443 cells / *l*（平均細胞密度1004 cells / *l*），Sta.b：検出限界以下（以後N.D.）～132 cells / *l*（平均細胞密度37 cells / *l*），Sta.c：N.D～136 cells / *l*（平均細胞密度29 cells / *l*）で推移した．海水懸濁物PSP濃度はSta.aは39.5～3639 pmol/*l*（平均海水懸濁物PSP濃度645.5 pmol / *l*），Sta.bは6～102 pmol / *l*（平均海水懸濁物PSP濃度39.2 pmol / *l*），Sta.cは4～90 pmol / *l*（平均海水懸濁物PSP濃度21.3 pmol / *l*）で推移した．ヒオウギ貝中

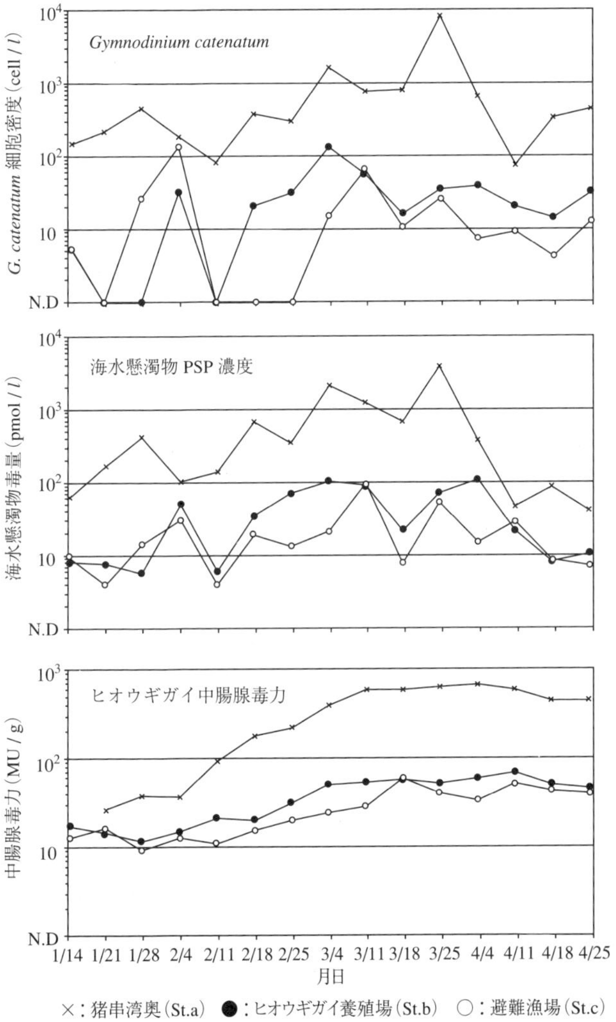

図11･5　2003年1月14日～4月22日における猪串湾，小蒲江湾の各定点のGymnodinium catenatum細胞密度（上段），海水懸濁物PSP濃度（中段），ヒオウギガイ中腸腺毒力（下段）の推移.

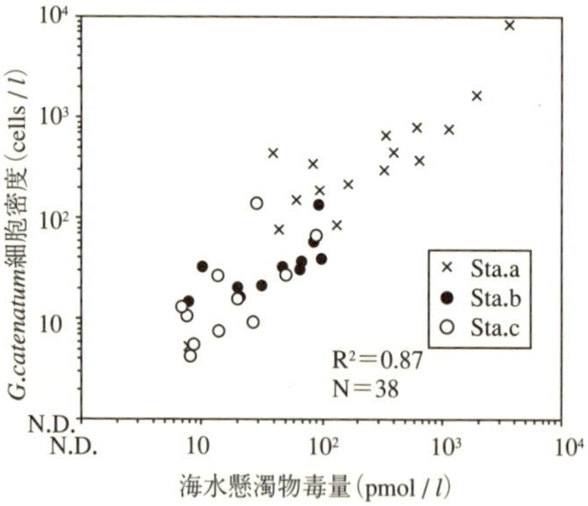

図11･6　*Gymnodinium catenatum* 細胞密度と海水懸濁物PSP濃度の関係.

腸腺毒力の推移はSta.a：23～675 MU/g（平均毒力 335 MU/g），Sta.b：11.7～69.5 MU/g（平均毒力 38 MU/g），Sta..c：9.5～60.1 MU / g（平均毒力 28 MU / g）で推移した．いずれの項目もSta.aで最も高く推移し，次にSta.b，Sta.cの順で推移していた．また海水懸濁物PSP濃度は *G. catenatum* 細胞密度と正の相関（R^2 =0.87）が確認された（図11･6）．以上のことからヒオウギガイは海水中の *G. catenatum* を取り込むことによって，その毒性分を蓄積し，その毒力は時間的・空間的に同様な場合はその原因となる *G. catenatum* 細胞密度によって決まることが推察された．このことから，細胞密度，海水懸濁物PSP濃度の少ない海域は，ヒオウギガイに蓄積される毒力も少ないことが示唆され，既存のヒオウギガイ養殖場（Sta.b）より避難漁場候補地（Sta.c）で飼育した方がヒオウギガイの毒力を軽減できると考えられた．Sta.bよりSta.cで細胞密度が少ない要因として，両地点の物理的逸散の影響が考えられ，Sta.bより沖合にあるSta.cでは猪串湾から小蒲江湾に移流する *G. catenatum* の物理的逸散の影響が大きいと考えられる．過去の調査からも，小蒲江湾で *G. catenatum* 細胞密度の増加が確認された際には，Sta.bよりSta.cで細胞密度が低く推移していることから，定常的にSta.cはSta.bより *G. catenatum* 出現密度が少ないと考えられる．

1･3　現場対応の実例（モニタリングから養殖ヒオウギガイ毒化軽減まで）

上述（1･2）のように，養殖ヒオウギガイの毒化予察とその対応が示された．そこで実際に，現場ヒオウギガイ養殖漁業者の協力を得て，*G. catenatum* モニタリング，ヒオウギガイ毒化予察，そしてヒオウギガイの避難による養殖ヒオウギガイ毒化軽減対策を実行した．経過を以下に示す．

1）養殖漁場と避難漁場における *G. catenatum* 細胞密度の推移

養殖漁場（Sta.b）と避難漁場（Sta.c）における，*G. catenatum* 細胞密度の推移を図11·7（a）に示した．Sta.bではN.D.～1124 cells / *l*，Sta.cではN.D.～286 cells / *l* で推移した．3月上旬～4月上旬の *G. catenatum* 遊泳細胞密度が増加しピークに達した期間中は，Sta.cはSta.bよりすべて低密度に推移していた．

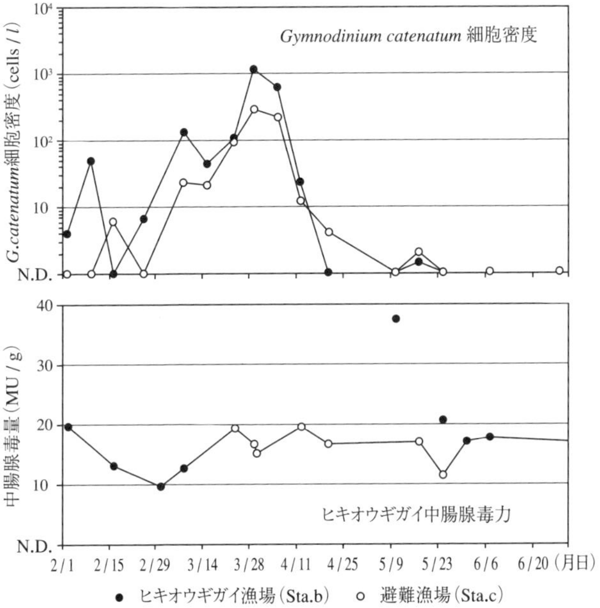

図11·7　ヒオウギガイ漁場（St.b）と避難漁場（St.c）の *Gymnodinium catenatum* 細胞密度とヒオウギガイ中腸腺毒力の推移（2004年2月～6月）．3月9日にヒオウギガイ漁場のヒオウギガイの一部を避難漁場に移動した．
上段：*Gymnodinium catenatum* 細胞密度
下段：ヒオウギガイ中腸腺毒力

2）避難漁場への移動による養殖ヒオウギガイ毒力の軽減

ヒオウギガイ中腸腺の毒力の推移を図11·7（b）に示す．3月15日の調査において猪串湾の *G. catenatum* の増加が確認され，その後，小蒲江湾での *G. catenatum* 遊泳細胞の増加が予測されたことから，3月16日にSta.bからSta.c

へ一部を残し飼育中の養殖ヒオウギガイを避難した．避難は養殖漁場のヒオウギガイ毒力の低下が確認された5月24日まで行った．3月上旬以降，*G. catenatum*の増加に伴い，ヒオウギガイの中腸腺毒力は増加したが，Sta.cに移動した後の毒力の増加は緩慢であり最高19.5 MU / gまで増加していた．*G. catenatum*遊泳細胞密度が低下した時のSta.bのヒオウギガイ中腸腺の毒力は37.4 MU / g（2004年5月10日）であり，ほぼ同時期のSta.cの毒力16.9 MU / g（2004年5月17日）より，明らかに高い値が確認された．小蒲江湾で*G. catenatum*によって毒化したヒオウギガイの毒力は*G. catenatum*細胞密度がピークに達した後，約1ヶ月後に最大値に達することから，5月10日の毒力は，*G. catenatum*が最高密度に達した3月29日から1ヶ月をすぎており，やや減少した時であると推測できる．したがって，今回のヒオウギガイ毒力の推移は，*G. catenatum*が小蒲江湾で増加する前に，低密度の漁場へ避難することによって，既存の養殖場より毒力を軽減することができたことを示すと考えられる．

以上，モニタリングによる*G. catenatum*遊泳細胞の推移から，養殖場への細胞密度増加を予測し，現場の養殖ヒオウギガイを避難させることによって，従来よりも毒力を軽減することが可能になった．しかし，毒化の軽減には成功したと言え，まだ避難漁場においてもヒオウギガイの毒力増加は確認される．将来，*G. catenatum*が調査時よりも大規模に増殖した場合，現在の避難漁場においても規制値（可食部4 MU / g）を超えることが考えられる．このようなことから，海域特性を把握し，現在の避難漁場よりさらに沖合水の影響の大きい避難漁場を設置するなど，猪串湾の水塊の影響の少ない場所で避難場所を設置することが今後の課題となってくる．また現在のプランクトンモニタリングから*G. catenatum*の推移を監視し，避難などを決定しているが，プランクトンモニタリングは採水のミスや連絡ミスなど人為的ミスの発生が考えられる．このようなミスをなくすため，*G. catenatum*の増加が推定される冬季～春季には，その細胞密度の増減に関わらず，出荷前に避難漁場で一時的に飼育するなど，確実に毒力が軽減できる養殖生産体制を確立する必要があると考えられる．

§2．*Alexandrium catenella*の出現特性とアサリの毒化予察の試み

山口県瀬戸内海のほぼ中央に位置する徳山湾（図11･1（B））は，これまで

初夏に貝毒原因プランクトン*A. catenella*が異常増殖し，湾内のアサリなどの二枚貝から麻ひ性貝毒（PSP）が検出されている[12, 13]．また，1997年には赤潮状態にまで*A. catenella*が増殖し，アサリから高レベルのPSPが検出され，採捕の規制および出荷の自主規制措置がとられた[12]．また，同湾は島や半島で囲まれた半閉鎖的な湾であり，これまでに初夏の*Heterosigma akashiwo*赤潮[14]や夏季の*Karenia*（*Gymnodinium*）*mikimotoi*赤潮[15]など赤潮の発生が多い海域である．2004年は3～5月にかけて*A.catenella*が出現し，湾奥の干潟で採取されたアサリの可食部から規制値の4 MU / gを超える最高値9.69 MU / gのPSPが検出され，同湾内のアサリ採捕の禁止措置がとられた．

このように徳山湾では過去に頻繁に*A. catenella*のブルームとこれを原因とするアサリの毒化が繰り返されてきたが，本湾におけるブルームの消長に影響を与える物理化学的あるいは生物学的な環境要因は必ずしも明らかとなっていない．また，貝毒発生を予察し，適正な漁場管理や食品衛生上の対策を行って被害を低減するためには，アサリの毒化を引き起こす*A. catenella*の出現密度を把握することが必要である．そこで，今までの徳山湾における*A. catenella*の出現[13, 16－19]の中で最も早い時期から出現した2004年の出現の初期から消滅時までの出現状況および水温，塩分，有害赤潮プランクトン*H. akashiwo*の出現状況を調べ，*A. catenella*の減少と*H. akashiwo*の増殖との関係について精査した．また，既報の貝毒対策事業モニタリングの貝毒検査データなども考慮し，現場海域での*A. catenella*出現細胞密度をモニタリングすることにより，アサリに蓄積されるPSP毒力を予察したので紹介する．

2･1　徳山湾およびその周辺海域における*A. catenella*の消長と環境要因との関係

2004年の櫛ヶ浜地先における水温，塩分と*A. catenella*の出現細胞密度推移（図11･8）および徳山港におけるそれらの推移（図11･9）の観測結果では，*A. catenella*は13.0℃で出現し，15.2～18.2℃で10^2 cells / m*l*以上の高細胞密度となり，20℃前後で急激に減少した．1997年の徳山湾で本種が赤潮状態になった時の出現水温14.9～22.2℃（10 cells / m*l*以上出現時は17.2～22.2℃）[12]と比べると出現水温帯が全体的に低かった．本種の他海域の出現水温，例えば田辺湾の12.0～26.0℃（好適水温16.0～22.0℃）[20]，紀伊水道西岸の内湾での13.7～28.3℃（10 cells / ml以上出現時の平均水温21.0℃）[21]や播磨灘西部の15.7～27.0℃（主な出現水温18～26℃）[22]と比べても，出現下限水温は概ね一致するものの出現上限水温はやはり低い．

図 11･8に示した櫛ヶ浜地先における*A. catenella*細胞密度の推移と水温と塩分のそれを比較すると，細胞密度が10^2 cells / ml前後で推移した4月中旬から5月上旬にかけて本種の細胞密度の増減が水温の上下に対応している．しかし，5月上旬以降の本種の適水温帯である20℃前後で推移する期間に本種が減少しており，この減少時に特に水温の激しい変化などは見られなかった．塩分

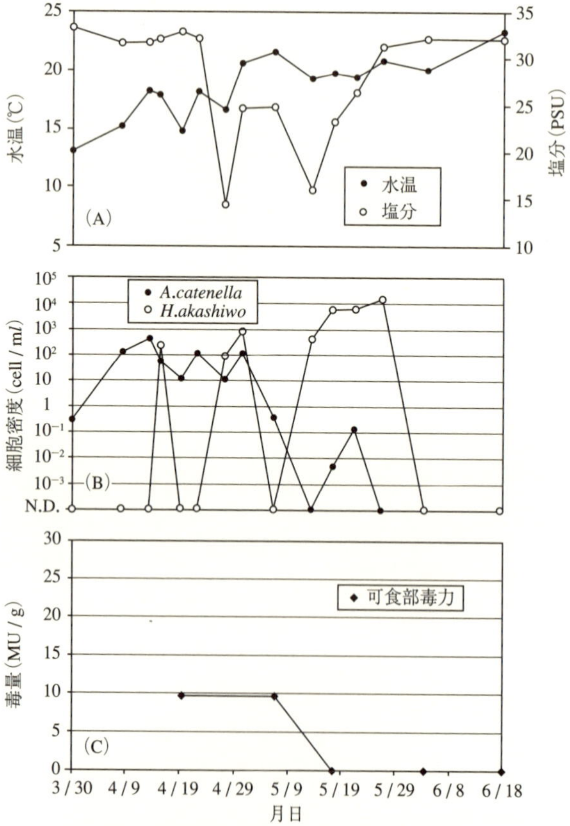

図11･8　2004年3月下旬から6月中旬までの櫛ヶ浜地先における水温と塩分（A），*Alexandrium catenella*と*Heterosigma akashiwo*出現細胞密度（B），アサリ可食部のPSP値（C）の推移．

は，細胞密度が10^2 cells / m*l*で推移している期間に急激に低下しているが，低下後の次の観測時には逆に増殖していた．また，図11･9に示した徳山港におけるA. catenella細胞密度の推移と水温と塩分のそれを比較すると，本種にとって適水温帯であると考えられる18 ℃前後で安定している時に本種はむしろ減少しており，塩分の急激な低下は細胞密度が減少した後に起きている．これらの対応関係から，*A .catenella*が10^2 cells / m*l*に達する以前のブルーム発展期には，水温が関係していると思われるが，高細胞密度に達した後の減少には，水温と塩分の変化はあまり関係していないと推測される．

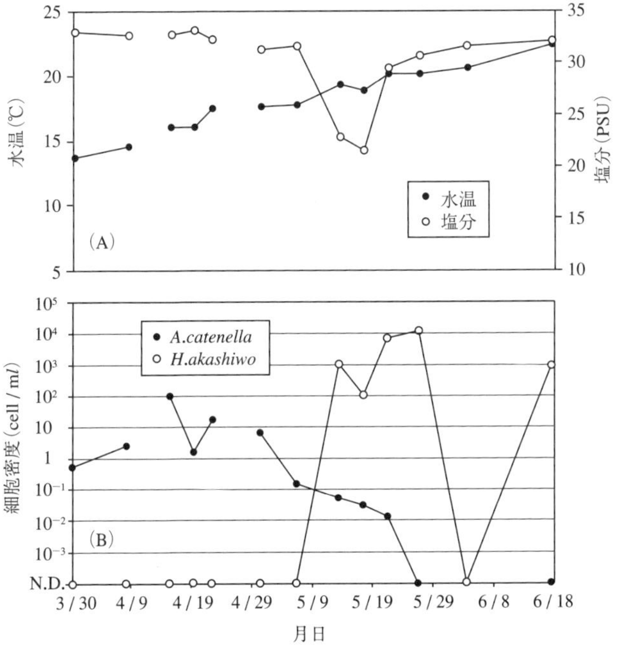

図11･9　2004年3月下旬から6月中旬までの徳山港における水温と塩分（A），*Alexandrium catenella*と*Heterosigma akashiwo*出現細胞密度（B）の推移．

2･2　*A. catenella*と*H. akashiwo*の消長との関係

2004年の*A. catenella*の減少要因については水温や塩分などの環境要因では説明ができなかったため，次に生物学的要因について検討する．なお，調査期間中*A. catenella*以外の優占種はほぼ*H. akashiwo*に限られたことから，以下両者の推移について詳述する．*A. catenella*が出現する晩春から初夏にかけて，頻繁に赤潮を形成する*H. akashiwo*の増減について，櫛ヶ浜地先（図11･8）と徳山港（図11･9）のぞれぞれの海域における両種の推移を見ると，*A. catenella*の減少とほぼ同時に*H. akashiwo*が急激に増殖している．特に，櫛ヶ浜地先で10^2 cells / m*l*前後で推移している4月中旬から5月上旬にかけて，*A. catenella*細胞密度の減少時と*H. akashiwo*細胞密度の増殖がよく対応している．更に，櫛ヶ浜地先で一度衰退した*A. catenella*の細胞密度が再び増殖した5月下旬に，適水温帯でありながら1 cell / m*l*以上に増えずに減少・消滅した．この時に*H. akashiwo*が5,000 cells / m*l*以上の赤潮状態であった．馬場ら[13)]は，1997年初夏の徳山湾における赤潮発生時については，*A. catenella*の赤潮と*H. akashiwo*の赤潮の出現および増殖に時間的差が若干見られ，これが適水温の上限の違いと述べているが，今回の調査では赤潮状態以前での高細胞密度出現時においては，両種間の増減に逆相関が見られ，*H. akashiwo*の増殖および赤潮状態が，*A. catenella*の減少や増殖抑制と関係していることが示唆された．

2･3　*A. catenella*出現密度とアサリ毒化との関係および毒化予察

図11･8に示したように櫛ヶ浜地先のアサリ可食部のPSP値が，規制値以上の9.69 MU / g検出された1回目の検体採取日（4月19日）から11日前の4月8日に*A. catenella*は119 cells / m*l*となり，6日前の4月13日には410 cells / m*l*となっていた．馬場ら[12)]は，1997年の*A. catenella*の出現とアサリ可食部のPSP値の関係からアサリ可食部でPSP値が規制値を超えるのは，*A. catenella*が10^3 cells / m*l*以上になった時と述べているが，今回の調査では500 cells / m*l*前後，又は10^2 cells / m*l*以上が1週間以上続いた時に規制値を超えている．

これらの結果から，*A. catenella*の出現細胞密度が10 cells / m*l*以上で数週間継続した場合や，また10^2 cells / ml以上に急激に増加した時にアサリ可食部で毒化する可能性があり，更に500 cells / m*l*前後，又は10^2 cells / m*l*以上が1週間以上続くと規制値を越える可能性が大きい．馬場ら[23)]が作成した仙崎湾における貝毒原因プランクトン*G. catenatum*の出現細胞数による養殖マガキの毒化予察と対応表を参考にし，徳山湾における*A. catenella*の出現細胞数に

表11・1 徳山湾における有毒渦鞭毛藻*Alexandrium catenella*の出現細胞密度によるアサリの貝毒発生の予察および推奨される行政施策

細胞密度	予想二枚貝毒量	注意レベル	対応など
1. 10 cells / m*l* 以上	検出限界以下	Ⅰ 貝毒情報	プランクトンモニタリング強化 (週1回モニタリング)
2. 100 cells / m*l* 以上 または，10cells / m*l* 以上が数週間	4 MU / g 以下	Ⅱ 貝毒注意報	プランクトンモニタリング強化 二枚貝毒力検査強化 (週2回モニタリング)
3. 500 cells / m*l* 以上 または，100 cells / m*l* 以上が数週間	4 MU / g 以上	Ⅲ 貝毒警報	採集禁止
4. 10,000 cells / m*l* 以上	20 MU / g 以上	Ⅳ 貝毒警報	採集禁止

よるアサリの毒化予察および推奨される行政施策を表11・1に作成してみた．

また，*A. catenella*が減少するとアサリ可食部のPSP値もそれに追随して低下し，最高PSP値が10 MU / g 以下の毒化では*A. catenella*が観察されなくなってから1週間後にはPSP値が検出限界以下に低下するものと思われる．アサリは他の二枚貝と比較して毒化のレベルが低く，しかも解毒が速やかに行われることが知られており[24)]，今回の観測結果もこれを支持する結果となっている．但し低水温期（10～14℃）に同属種の*A. tamarense*で毒化したアサリの解毒は緩やかであったとの報告[25)]もあり，解毒速度は毒化原因種，海域，水温などの環境要因も影響すると考えられる．今後これらデータを更に蓄積し，貝毒対策に役立てたい．

文　献

1）T. Takatani, T. Morita, A. Anami, H. Akaeda, Y. Kamijo, K. Tsutsumi, T. Noguchi : Appearance of *Gymnodinium catenatum* in association with the toxification of bivalves in Kamea, Oita Prefecture, Japan, *J. Food Hyg. Soc. Japan*, 39, 275-280（1998）.

2）大分県海洋水産センター：平成8-11年度大分県海洋水産研究センター事業報告（1997-2001）.

3）宮村和良・阿保勝之：冬季，猪串湾と小蒲江湾に出現する*Gymnodinium catenatum*の個体群形成に影響する海況条件，水産海洋研究，69，284-293（2005）.

4）阿保勝之・宮村和良：冬季の猪串湾における流動特性が貝毒原因プランクトン*Gymnodinium catenatum*の個体群増殖に及ぼす影響，沿岸海洋研究，42，161-165（2005）.

5）Y.Shimizu, M. Yoshioka: Transformation of paralytic shellfish toxin as demonstrated in scallop homogenates, *Science*, 212,

547-549（1981）.

6）J. J. Sullivan, W. T. Iwaoka, J. Liston: Enzymatic transformation of PSP toxin in the littleneck clam（*Protothaca staminea*）, *Biochem. biophys. Res. Commun*, 114, 465-472（1983）.

7）T. Noguchi, S. Chen, O. Arakawa, K. Hashimoto: An unique composition PSP in "Hiougi" scallop *Chlamys nobilis*, Mycotoxins and Phycotoxins '88（eds. by S.Natori and K. Hashimoto）, Elsevier, Amsterdam, 1988, pp.351-358.

8）Y. Oshima: Post-column derivatization HPLC methods for paralytic poisons, Manual on Harmful Marine Microalgae, IOC Manuals and Guides NO.33（ed. by G.M. Hallegraeff, D.M. Anderson and A. D. Cembella）UNESCO, 1995, pp. 81-94.

9）Y. Oshima, S. I. Blackburn, G. M. Hallegraeff: Comparative study on paralytic shellfish toxin profiles of the dinoflagellate *Gymnodinium catenatum* from three different countries, *Mar. Biol*, 116, 471-476（1993）.

10）宮村和良・松山幸彦・呉碩津：大分県猪串湾における有毒渦鞭毛藻*Gymnodinium catenatum*の出現と海水懸濁物中の麻痺性貝毒量およびヒオウギガイ（*Chlamys nobilis*）の毒化予察，日本水産学会誌，73，32-42（2007）.

11）池田武彦・松野　進・遠藤隆二：貝毒に関する研究（第3報）．山口県内海水産試験場報告，16，59-68（1988）.

12）馬場俊典・桃山和夫・平岡三登里・岡田知久：1997年徳山湾で発生した*Alexandrium catenella*赤潮とアサリの毒化．山口県内海水産試験場報告，28，1-7（2000）.

13）馬場俊典・岡田知久・天社博之：重要貝類毒化対策事業調査（平成11年度）．平成11年度山口県水産研究センター事業報告，2001，pp. 356-360.

14）松野　進・池田武彦：山口県瀬戸内海域のヘテロシグマ赤潮，山口県内海水産試験場報告，15，45-52（1987）.

15）池田武彦・松野　進：*Gymnodinium nagasakiense*の増殖特性，山口県内海水産試験場報告，18，37-49（1990）.

16）馬場俊典・檜山節久・池田武彦・桃山和夫：1991年夏季の徳山湾におけるギムノデイニウム赤潮の発生について．山口県内海水産試験場報告，22，149-153（1993）.

17）山口県：昭和58年度－平成7年度重要貝類毒化対策事業報告書．（1984-1996）.

18）馬場俊典他：重要貝類毒化対策事業調査．山口県内海水産試験場報告，No.27-29（1999-2000）.

19）馬場俊典他：重要貝類毒化対策事業調査（平成12年度－16年度）．平成12年度－16年度山口県水産研究センター事業報告，2002-2005.

20）竹内照文：和歌山県田辺湾における赤潮渦鞭毛藻*Alexandrium catenella*の生態に関する研究，和歌山水試特研報，2，88（1994）.

21）佐々木正雄・秋月友治・北角　至：有毒プラクトン*Protogonyaulax catenella*の出現と二枚貝の毒化現象について．徳島水試事報（昭和54年度），1981，pp.181-191.

22）吉松定昭・小野知足：香川県沿岸における渦鞭毛藻*Protogonyaulax*属の出現．香川水試試験報告，20，23-34（1983）.

23）馬場俊典・桃山和夫・平岡三登里：平成9年度貝毒被害防止対策事業報告書（貝類毒化予知手法の開発）1998.

24）M. C. Choi, D. P. H. Hsieh, P. K. S. Lam and W. X. Wang: Field depuration and biotransformation of paralytic shellfish toxins in scallop *Chlamys nobilis* and green-lipped mussel *Perna viridis*, *Mar. Biol*. 143, 927-934（2003）.

25）山本圭吾：2002年春期に大阪湾東部海域で発生した麻痺性貝毒について．大阪水試研報，15，1-8（2004）.

索　引

本書の基礎になったシンポジウム

平成18年度日本水産学会大会シンポジウム
「貝毒問題を巡る近年の研究の展開」
企画責任者　今井一郎（京大院農）・福代康夫（東大アジア生資環研セ）・
　　　　　　広石伸互（福井県大生物資源）

開会の挨拶		今井一郎（京大院農）
企画の趣旨説明		今井一郎（京大院農）
	座長	西尾幸郎（四国大）
Ⅰ．我が国における貝毒発生の歴史的経過と水産業への影響		今井一郎（京大院農）・板倉　茂（瀬戸内水研）
Ⅱ．貝毒モニタリング手法の改善と現場への応用		
Ⅱ-1．貝毒の分析法とモニタリングへの応用		
1．麻痺性貝毒のモニタリング		大島泰克（東北大院生命）
2．下痢性貝毒のモニタリング		鈴木敏之（東北水研）・濱野米一（大阪公衛研）
Ⅱ-2．有毒プランクトンのモニタリング	座長	渡辺康憲（瀬戸内水研）
1．有毒プランクトンの分類とモニタリング		吉田　誠（熊本県大環共）・福代康夫（東大アジア生資環研セ）
2．有毒プランクトンの分子同定と定量		左子芳彦（京大院農）
3．有毒プランクトンの毒遺伝子による検出と定量の試み		吉田天士・広石伸互（福井県大生物資源）
Ⅲ．有毒プランクトンの生理生態		
Ⅲ-1．麻痺性貝毒原因プランクトンの生理生態	座長	神山孝史（東北水研）
1．現場海域における*Alexandrium*属の個体群動態		板倉　茂（瀬戸内水研）
2．*Alexandrium*属の分布拡大-		長井　敏（瀬戸内水研）
Ⅲ-2．下痢性貝毒原因プランクトンの生理生態	座長	広石伸互（福井県大生物資源）
1．*Dinophysis*属の個体群動態と生理的特徴		小池一彦（北里大水）
2．*Dinophysis*は原因生物か？		西谷　豪（瀬戸内水研）・三津谷正（青森増養研）・今井一郎（京大院農）
Ⅳ．現場における貝毒モニタリングと二枚貝毒化軽減の試み		宮村和良（大分県）・馬場俊典（山口水研セ内海）
Ⅴ．総合討論	座長	今井一郎（京大院農） 福代康夫（東大アジア生資環研セ） 広石伸互（福井県大生物資源）
閉会の挨拶		山本民次（広大院生物圏）

水産学シリーズ〔153〕　定価はカバーに表示

貝毒研究の最先端−現状と展望
Advanced researches on shellfish poisonings : Current status and overview

平成19年3月20日発行

編　者　今井一郎
　　　　福代康夫
　　　　広石伸互

監　修　社団法人 日本水産学会
〒108-8477　東京都港区港南 4-5-7
東京海洋大学内

発行所　〒160-0008
東京都新宿区三栄町8
Tel 03 (3359) 7371
Fax 03 (3359) 7375
株式会社 恒星社厚生閣

印刷・製本　シナノ